# 小学校1・2・3年生の算数が1冊でしっかりわかる本

東大卒プロ算数講師
## 小杉拓也

かんき出版

# はじめに
## 1冊で小学校1・2・3年生の算数がわかる決定版！

　本書を手に取っていただき、誠にありがとうございます。この本は、1冊で小学校1〜3年生の算数をゼロからしっかり理解するための本（2020年度からの新学習指導要領に対応）で、主に次の方を対象にしています。

① 小学生のお子さんに、算数を上手に教えたいお父さん、お母さん
② 小学校就学前のお子さんに、予習として算数を教えたいお父さん、お母さん
③ 復習や予習をしたい小学生（5ページ以降は、すべての漢字に読みがなをつけています。）
④ 学び直しや頭の体操をしたい大人

　『小学校6年間の算数が1冊でしっかりわかる本』は改訂版を含めて、ありがたいことにベストセラーとなり、親御さん、算数が苦手な大人の方、小・中学生など、幅広くたくさんの方に手にとっていただきました。

　今回、小学校1〜3年生の算数に特化した本を執筆したきっかけは、読者の方からの「低学年の算数をもっとくわしく学びたい！」という声でした。確かに、低学年のうちに算数を好きに、得意になっておくことは非常に大事です。そこで、「小学校1〜3年生の算数を、よりくわしく、わかりやすく学べる最高の決定版」を書き下ろすことにしました。
　「後にも先にもこれ以上のものはない最高の決定版」にするために、本書は7つの強みを、独自の特長として備えています。

その1　各項目に 教えるときのポイント！ を掲載！
その2　学校では教えてくれない「解きかたのコツ」がわかる！
その3　家庭学習の心強い味方！
その4　「学ぶ順序」と「ていねいな解説」へのこだわり！
その5　用語の意味を大切にし、巻末に「意味つき索引」も！
その6　範囲とレベルは小学校の教科書と同じ！ 新学習指導要領にも対応！
その7　「数字の書きかた」から「時刻と時間」「割り算」まで！ 文章題も充実！

　何事も習いはじめが大切です。低学年のうちに、算数を好きに、得意になっておけば、高学年やその後もスムーズに学べるでしょう。この本が、そのきっかけになれば幸いです。

# 『小学校１・２・３年生の算数が１冊でしっかりわかる本』の７つの強み

---

### その1 各項目に 🔥 教えるときのポイント！ を掲載！

「子どもに算数をどう教えたらいいのかわからない」

「時間をかけて教えても、子どもの成績が伸びない」

「『なぜ？』と聞かれても、うまく答えられない」……など、お父さん、お母さんの悩みは尽きません。低学年で習う算数は、大人からすれば比較的かんたんですが、「かんたんなことを、さらにわかりやすく教える」のは意外と難しいものです。そこで本書では、私の20年以上の指導経験から、「成績の上がる教えかた」や「つまずきやすいところ」など、算数を教えるときのポイントをすべての項目に掲載しました。

### その2 学校では教えてくれない「解きかたのコツ」がわかる！

本書は、お子さんをもつ親御さんだけでなく、復習・予習をしたい小学生、算数を学び直したい大人にも向けた内容になっています。

🔥 教えるときのポイント！ には、各項目を理解するために重要なことや、ミスを防ぐための考えかたなど、学校では教えてくれないコツを盛り込みました。

### その3 家庭学習の心強い味方！

「家庭でしっかり学習する生徒ほど、算数の正答率が高い傾向がある」という調査結果があります（文部科学省「全国学力・学習状況調査の結果」より）。

多くの生徒と接してきた私の経験からも、それは間違いないと断言できます。とはいえ、子どもが一人で学習できる力は限られています。家庭学習では、保護者の方の手助けが不可欠です。家庭学習を習慣づけるために、本書が心強い存在になるでしょう。

### その4 「学ぶ順序」と「ていねいな解説」へのこだわり！

算数の学習をすると、論理的な思考力を伸ばすことができます。「A だから B、B だから C、C だから D」と、順番に答えをみちびくことが必要だからです。

論理的に算数を学べるよう、本書は「はじめから順に読むだけでスッキリ理解できる」

構成になっています。

　また、読む人が理解しやすいように、とにかくていねいに解説することを心がけました。シンプルな計算でも、途中式の意味をはぶかずに、ひとつひとつ解説しています。

## その5　用語の意味を大切にし、巻末に「意味つき索引(さくいん)」も！

　算数の学習では、用語の意味をおさえることがとても大事です。

　例えば、３年生で習う「球(きゅう)ってどんな形？」という問いかけに、「ボールみたいにまるくて……」というあいまいな答えをしていては、○はもらえません。

　本当の意味で「小学校１〜３年生の算数がわかる」には、算数で出てくる用語とその意味を知っておく必要があります。そこで本書では、用語の意味をしっかり解説したうえで、気になったときに用語を探せるように、巻末に「意味つき索引」をつけています。読むだけで、「用語を言葉で説明できる力」を伸ばしていくことができます。

## その6　範囲とレベルは小学校の教科書と同じ！　新学習指導要領にも対応！

　本書で扱う例題や問題は、小学校の教科書の範囲に合わせた内容になっています（88ページの「12時制(じせい)と24時制(じせい)」については、載っていない教科書もあるので、〈２年生、３年生、発展〉としました。また、親御さん向けの🕯教えるときのポイント！では、発展的な内容も載せていることがあります）。

　また、2020年度からの「新学習指導要領」では、それまで６年生の範囲だった「m（ミリ）とk（キロ）の意味」が３年生の範囲になりました。本書では、これらの新たな範囲もしっかりと解説しています。

## その7　「数字の書きかた」から「時刻と時間」「割り算」まで！　文章題も充実！

　１年生で習う「５＋９＝」という問題を、お子さんにどう教えますか。図をかく、おはじきを使う、指を使う……など、さまざまな教えかたがありますが、一番わかりやすい方法で教えてあげたいと思うのが、親心でしょう。そこで本書では、「子どもが一番理解しやすい教えかた」を厳選し、１年生で習う「数字の書きかた」から、１年生から３年生にかけて習う「時刻と時間」、３年生で習う「あまりのある割り算」など、すべての範囲を網羅しています。また、子どもが苦手意識をもちやすい文章題も多く掲載しました。

　小学校１〜３年生はもちろん、その後もずっと役に立ち続ける本になるでしょう。

# 本書の使いかた

1 各章で学ぶ分野です

2 この見開き2ページで学ぶ項目です

3 公立小学校の教科書をもとにした、各項目を習う学年です

4 各項目を学ぶうえで一番のポイントです

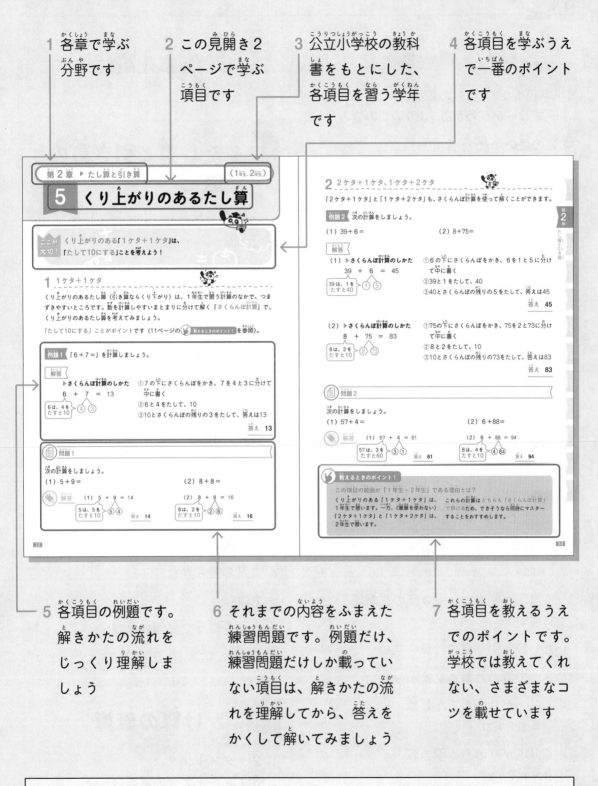

5 各項目の例題です。解きかたの流れをじっくり理解しましょう

6 それまでの内容をふまえた練習問題です。例題だけ、練習問題だけしか載っていない項目は、解きかたの流れを理解してから、答えをかくして解いてみましょう

7 各項目を教えるうえでのポイントです。学校では教えてくれない、さまざまなコツを載せています

注記 本書の記述範囲を超えるご質問（解法の個別指導依頼など）につきましては、お答えいたしかねます。あらかじめご了承ください。

# もくじ

# 1 10までの数

> **ここが大切！** だれが見ても、その数字に見えるように書こう！

## 1 1から10までの数

**例題1** 次の数を書きましょう。

| | 1 いち | | | | | |
|---|---|---|---|---|---|---|
| 🍬 | **1** | | · | | | |

| | 2 に | | | | | |
|---|---|---|---|---|---|---|
| 🍬🍬 | **2** | 2 | · | | | |

| | 3 さん | | | | | |
|---|---|---|---|---|---|---|
| 🍬🍬🍬 | **3** | 3 | · | | | |

| | 4 し（よん） | | | | | |
|---|---|---|---|---|---|---|
| 🍬🍬🍬 | **4** | ①②4 | ·· | | | |

| | 5 ご | | | | | |
|---|---|---|---|---|---|---|
| 🍬🍬🍬🍬🍬 | **5** | ①②5 | · | | | |

| | 6 ろく | | | | | |
|---|---|---|---|---|---|---|
| 🍬🍬🍬🍬🍬🍬 | **6** | 6 | · | | | |

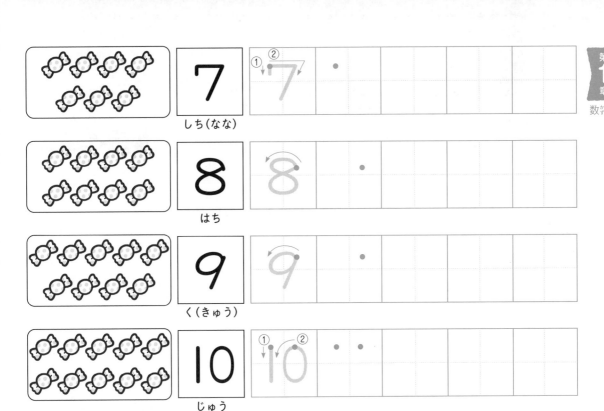

| | |
|---|---|
| 7 | しち（なな） |
| 8 | はち |
| 9 | く（きゅう） |
| 10 | じゅう |

## 2 0という数

何もないことを表す数を、0（読みかたは、「れい」）といいます。

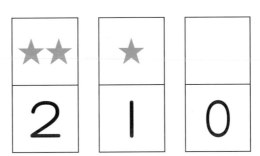

| ★★ | ★ | |
|---|---|---|
| 2 | 1 | 0 |

**例題2** 次の数を書きましょう。

---

### 教えるときのポイント！

**他の数字に間違われないように書こう！**

例えば、「0と6」「1と7と9」「2と3」など、形が似ている数字をきちんと区別して書けるように練習しましょう。算数のテストで「0」と書いたつもりでも、「6」に見えてしまってバツになるようなことは避けたいですね。できるだけ早い段階で、「だれが見てもその字に見える」数字を書くことを習慣にしていきましょう。

第1章

数

# 2 いくつといくつ

**ここが大切！** 「10はいくつといくつか」をすぐに言えるようになろう！

## 1 いくつといくつ

**例題** 次の □ にあてはまる数を書きましょう。

【例】 3は1と2

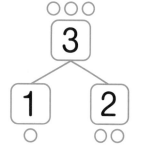

（1）

（2）

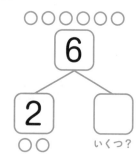

**解答** （1） 答え **3**　（2） 答え **4**

**問題1**

次の □ にあてはまる数を書きましょう。慣れないうちは、おはじきなどを使って考えてもかまいません。

（1）

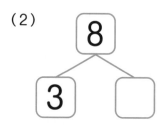

（2）

（3）

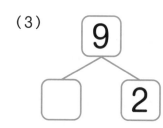

 **解答** （1） 答え **1**　（2） 答え **5**　（3） 答え **7**

# 2 10は、いくつといくつ

 問題2

次の □ にあてはまる数を書きましょう。慣れないうちは、おはじきなどを使って考えてもかまいません。

(1)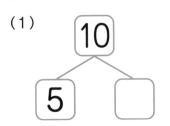

(2)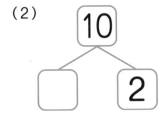

(3)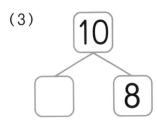

(4)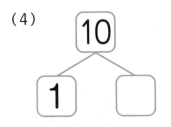

(5)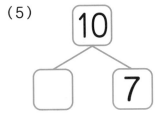

(6)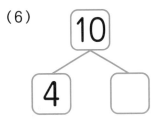

(7)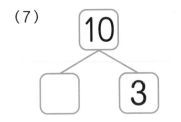

(8)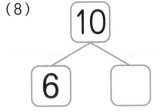

(9)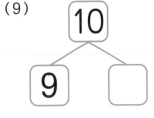

解答　(1) 答え 5　(2) 答え 8　(3) 答え 2　(4) 答え 9　(5) 答え 3

(6) 答え 6　(7) 答え 7　(8) 答え 4　(9) 答え 1

## 教えるときのポイント！

### たして10になる数を、九九のように暗記しよう！

この項目では「＋」の記号が出てきていません（たし算〈＋を使う計算〉については、24ページ以降で学びます）。一方、問題2は、「5＋5＝10」「8＋2＝10」などのように、「たして」10になる数を見つけるという意味で、実質的には、たし算（もしくは、引き算）の問題だということもできます。

32ページで習う「さくらんぼ計算（くり上がりのあるたし算）」では、「たして10になる数」を求める必要があります。さくらんぼ計算が速くできるよう、問題2の9問の答えを九九のように暗記することをおすすめします。

# 3 何番目

**ここが大切！** 「前から3台」と「前から3台目」の意味の違いに注意！

【例】右のように、車が5台並んでいます。

前　　　　　　　　　　　　　　後ろ

「前から3台」というと⑧、⑪、⑤の3台の車を表します。

前　　　　　　　　　　　　　　後ろ

前から3台

「前から3台目」というと、⑤の車だけを表します。

前　　　　　　　　　　　　　　後ろ

前から3台目

**例題** りんごが並んでいます。このとき、次の問いに答えましょう。

左　　　　　　　　　　　　　　右

（1）左から2個のりんごを、線で囲みましょう。

左　　　　　　　　　　　　　　右

（2）左から5個目のりんごを、線で囲みましょう。

左　　　　　　　　　　　　　　右

（3）右から3個のりんごを、線で囲みましょう。

左　　　　　　　　　　　　　　右

**解答**

（1）答え　左  右

（2）答え　左　　　　　　　　右

（3）答え　左　　　　　　　　右

**教えるときのポイント！**

**「目」がつくかつかないかで、意味が変わることに注意しよう！**

**例題** のりんごの問題で考えてみましょう。
「左から〜個」なら、〜個全部を含みます。
一方、「左から〜個目」なら、1個だけを表します。この違いを確実におさえることが、こ

の項目のポイントです。
また、**問題2** のように、1つの位置を2通りで言えるようになれば、より理解が深まります。

 **問題1**

右のように、5個の積み木が積みあがっています。
このとき、次の問いに答えましょう。

（1）上から4番目の積み木を □ の中にかきましょう。

（2）▲の積み木は下から何番目ですか。

 **解答**　（1）答え ■　（2）答え **3番目**

 **問題2**

次の □ にあてはまる数を書きましょう。

左       右

（1）うさぎは、左から □ 番目です。　（2）うさぎは、右から □ 番目です。

 **解答**　（1）答え **2**　（2）答え **5**

# 4 125くらいまでの数

**ここが大切！** 1年生では、0から125くらいまでの数を数えられるようになろう！

**例題** 0から29までの数を順に並べました。㋐、㋑、㋒に入る数をそれぞれ答えましょう。

| 0 | 1 | 2 | 3 | 4 | 5 | 6 | 7 | 8 | 9 |
|---|---|---|---|---|---|---|---|---|---|
| 10 | 11 | ㋐ | 13 | 14 | 15 | 16 | 17 | ㋑ | 19 |
| ㋒ | 21 | 22 | 23 | 24 | 25 | 26 | 27 | 28 | 29 |

**解答** ・㋐に入る数は12（読みかたは、十二）です。
12は、10と2を合わせた数です。
・㋑に入る数は18（読みかたは、十八）です。
18は、10と8を合わせた数です。
・㋒に入る数は20（読みかたは、二十）です。
20は、10と10を合わせた数です。

答え　㋐12、㋑18、㋒20

**問題1**

次の □ にあてはまる数を書きましょう。

（1）14は、10と□　　　（2）19は、□と10　　　（3）20は、10と□

**解答**　（1）答え **4**　　（2）答え **9**　　（3）答え **10**

## 問題2

0から129までの数を順に並べました。え、お、か、きに入る数をそれぞれ答えましょう。

| 0 | 1 | 2 | 3 | 4 | 5 | 6 | 7 | 8 | 9 |
|---|---|---|---|---|---|---|---|---|---|
| 10 | 11 | 12 | 13 | 14 | 15 | 16 | 17 | 18 | 19 |
| 20 | 21 | 22 | 23 | 24 | 25 | 26 | 27 | 28 | 29 |
| 30 | 31 | 32 | 33 | 34 | 35 | え | 37 | 38 | 39 |
| 40 | 41 | 42 | 43 | 44 | 45 | 46 | 47 | 48 | 49 |
| 50 | 51 | 52 | 53 | 54 | 55 | 56 | 57 | 58 | 59 |
| お | 61 | 62 | 63 | 64 | 65 | 66 | 67 | 68 | 69 |
| 70 | 71 | 72 | 73 | 74 | 75 | 76 | 77 | 78 | 79 |
| 80 | 81 | 82 | 83 | 84 | 85 | 86 | 87 | 88 | 89 |
| 90 | 91 | 92 | 93 | 94 | 95 | 96 | 97 | 98 | 99 |
| か | 101 | 102 | 103 | 104 | 105 | 106 | 107 | 108 | 109 |
| 110 | 111 | 112 | 113 | 114 | 115 | 116 | 117 | 118 | 119 |
| 120 | 121 | 122 | 123 | 124 | 125 | き | 127 | 128 | 129 |

### 解答

- えに入る数は**36**（読みかたは、**三十六**）です。
  10が3個で30。30と6を合わせると36です。
- おに入る数は**60**（読みかたは、**六十**）です。
  10が6個で60。
- かに入る数は**100**（読みかたは、**百**）です。
  100は、**10を10個集めた数**です。
  また、100は99より1大きい数です。

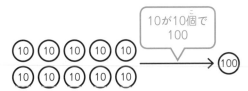

10が10個で100

- きに入る数は**126**（読みかたは、**百二十六**）です。
  126は、100と20と6を合わせた数です。

答え　え**36**、お**60**、か**100**、き**126**

---

### 教えるときのポイント！

#### なぜ「125くらいまでの数」なのか？

学習指導要領において、1年生の算数では、「120程度の数に触れる」ことが明記されています。これにより、1年生の算数の教科書では大体、125前後までの数を習う構成になっています。問題2では、129までとしましたが、1年生の教科書レベルではひとまず、「120程度」の数まで把握しておけばよいということです。

また、一の位、十の位、百の位という用語も、この段階でマスターしておきましょう。

[例] 125のそれぞれの位

| 1 | 2 | 5 |
|---|---|---|
| ↑ | ↑ | ↑ |
| 百の位 | 十の位 | 一の位 |

# 5 100から1000までの数

## 1 3ケタの数

1円玉、10円玉、100円玉を使って説明していきます。

1円玉　10円玉　100円玉

**[例]**

・例えば、200（読みかたは、二百）は、
100を**2**個集めた数です。

コインで表すと…

2 0 0
↑ ↑ ↑
百 十 一
の の の
位 位 位

・例えば、243（読みかたは、二百四十三）は、 100を**2**個、10を**4**個、1を**3**個合わせた数です。

コインで表すと…

2 4 3
↑ ↑ ↑
百 十 一
の の の
位 位 位

200　と　40　と　3 を合わせた数

**例題** 次の数を数字で書きましょう。

（1）

| 百の位 | 十の位 | 一の位 |
|---|---|---|

（2）

| 百の位 | 十の位 | 一の位 |
|---|---|---|

**解答** （1）100を**1**個、10を**6**個、1を**4**個合わせた数なので、164（読みかたは、
百六十四）です。

答え **164**

（2）100を5個、1を2個合わせた数なので、502（読みかたは、五百二）です。

**答え 502**

※（2）には、10円玉がないので、十の位は0になります（次の  教えるときのポイント！ を参照してください）。

## 🕊 教えるときのポイント！

### 算数で出てくる「0」の意味は2種類！

#### ①何もないことを表す「0」

3個のみかんを全部食べると、みかんは0個になります。つまり、みかんはなくなってしまいます。こういう意味での0です（9ページ参照）。

全部食べると…

3個　　0個

#### ②位に数がないことを表す「0」

**例題** （2）の「502」は、十の位に数がないので、十の位に0を書きました。このように、位に数がないときにも「0」を使います。

502

十の位に数がないことを表す

算数で「0」が出てきたときに、「この0は、どちらの意味だろう？」と、お子さんに考えてもらうのもいいでしょう。

## 2 1000（読みかたは千）

100を10個集めた数を、1000（読みかたは、千）と書きます。また、1000は、999より1大きい数です。

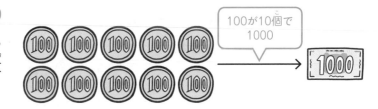

100が10個で1000

### 📋 問題

次の数は、990から1000まで、1つずつ数えたものです。㋐〜㋒の □ にあてはまる数をそれぞれ答えましょう。

990、991、㋐ [　　]、993、994、995、㋑ [　　]、997、998、㋒ [　　]、1000

### 🖱 解答

㋐ 991より1大きい数なので、992です。

㋑ 995より1大きい数なので、996です。

㋒ 998より1大きい数（1000より1小さい数）なので、999です。

**答え** ㋐**992**、㋑**996**、㋒**999**

# 6 1000より大きい数

> **ここが大切！** 4ケタの数と10000の意味と表しかたをおさえよう！

## 1 4ケタの数

1円玉、10円玉、100円玉、1000円札を使って
説明していきます。

1円玉　10円玉　100円玉　1000円札

**[例]**

・例えば、2000（読みかたは、**二千**）は、
1000を**2**個集めた数です。

お札で表すと…

・例えば、2453（読みかたは、**二千四百五十三**）は、1000を**2**個、100を**4**個、10を**5**個、1を**3**個合わせた数です。

お札とコインで表すと…

2000　と　400　と　50　と　3を合わせた数

**例題** 次の数を数字で書きましょう。

（1）

| 千の位 | 百の位 | 十の位 | 一の位 |
|---|---|---|---|

（2）

| 千の位 | 百の位 | 十の位 | 一の位 |
|---|---|---|---|

解答

（1）1000を6個、100を5個、10を1個、1を8個合わせた数なので、6518（読みかた は、六千五百十八）です。

答え　**6518**

（2）1000を3個、1を5個合わせた数なので、3005（読みかたは、三千五）です。10 円玉と100円玉がないので、十の位と百の位は0になります。

答え　**3005**

---

**教えるときのポイント！**

**数直線を使って教えるのもひとつの方法！**

数の大きさや表しかたを理解してもらうために、数直線（1本の直線に数を対応させて表した図）を使って教えるのもおすすめの方法です。例えば、次のような問題を考えてもらうことによって、お子さんの数に対する感覚を強くすることができます。

**【例】** 次の⑦～㋓の□にあてはまる数を答えましょう。

（1）

| 7600 | 7700 | ⑦ | | 7900 | ㋑ | | 8100 |

（2）

| 4060 | 4070 | 4080 | ⑦ | | ㋐ | | 4110 |

**解きかた**

（1）数直線のめもりは100ずつ増えています。⑦は7700より100大きいので、7800です。㋑は7900より100大きいので、8000です。

答え　⑦**7800**、㋑**8000**

（2）数直線のめもりは10ずつ増えています。㋒は4080より10大きいので、4090です。㋓は4090（㋒）より10大きいので、4100です。

答え　㋒**4090**、㋓**4100**

---

## 2 10000（読みかたは一万）

**1000を10個集めた数**を、10000（読みかたは、**一万**）と書きます。また、10000は、9999より1大きい数です。

1000が10個で10000

# 7 10000より大きい数

## 1 5ケタの数

1円玉、10円玉、100円玉、1000円札、10000円札を使って説明していきます。

**[例]**

・例えば、20000（読みかたは、**二万**）は、10000を2個集めた数です。

1円玉　10円玉　100円玉　1000円札　10000円札

2 0 0 0 0
↑一万の位　↑千の位　↑百の位　↑十の位　↑一の位

お札で表すと… → 10000 / 10000

・例えば、21341（読みかたは、**二万千三百四十一**）は、10000を2個、1000を1個、100を3個、10を4個、1を1個合わせた数です。

2 1 3 4 1
↑一万の位　↑千の位　↑百の位　↑十の位　↑一の位

お札とコインで表すと… →

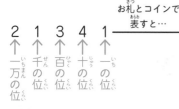    

20000　と　1000　と　300　と　40　と　1を合わせた数

### 例題1 次の数を数字で書きましょう。

| 一万の位 | 千の位 | 百の位 | 十の位 | 一の位 |
|---|---|---|---|---|

**解答** 10000を4個、100を3個、10を9個、1を2個合わせた数なので、40392（読みかたは、**四万三百九十二**）です。
1000円札がないので、千の位は0になります。

答え　**40392**

## 2 万と億

- 10000（一万）を10個集めた数が、100000（0の数は5個。読みかたは、十万）です。
- 100000（十万）を10個集めた数が、1000000（0の数は6個。読みかたは、百万）です。
- 1000000（百万）を10個集めた数が、10000000（0の数は7個。読みかたは、千万）です。
- 10000000（千万）を10個集めた数が、100000000（0の数は8個。読みかたは、一億）です。

**例題2** 令和2年10月の日本の人口（人の数）は、一億二千五百七十万八千三百八十二人です。この人口を数字で表しましょう。 （出典：総務省統計局ホームページ）

**解答** 右から4ケタごとに区切った表に数を入れて考えましょう。

答え **125708382**（人）

右から4ケタごとに区切って考える

| 一億の位 | 千万の位 | 百万の位 | 十万の位 | 一万の位 | 千の位 | 百の位 | 十の位 | 一の位 |
|---|---|---|---|---|---|---|---|---|
| 1 | 2 | 5 | 7 | 0 | 8 | 3 | 8 | 2 |

### 問題

次の数を数字で書きましょう。

（1）六百二十五万八千九十三

（2）一億十万四百五

**解答**

右から4ケタごとに区切った表に数を入れて考えましょう。

（1）答え **6258093**

（2）答え **100100405**

| | 一億の位 | 千万の位 | 百万の位 | 十万の位 | 一万の位 | 千の位 | 百の位 | 十の位 | 一の位 |
|---|---|---|---|---|---|---|---|---|---|
| (1)→ | | | 6 | 2 | 5 | 8 | 0 | 9 | 3 |
| (2)→ | 1 | 0 | 0 | 1 | 0 | 0 | 4 | 0 | 5 |

### 教えるときのポイント！

**テストなどでは、右から4ケタごとに、たて線を引こう！**

テストなどで、上のような問題を解くとき、そのつど表をかくのは時間がかかります。そのため、右の【例】のように、右から4ケタごとに、たて線を引いて考えましょう。これにより、すばやく正確に解けるようになります。ただし、テストの解答欄では、たて線を消して、数だけを書くようにしましょう。

【例】
6258093 → 625|8093（万）
100100405 → 1|0010|0405（億・万）

# 8 数の大小

**ここが大切！** 記号 ＝、＞、＜のそれぞれの意味をおさえよう！

2つの数の大きさが同じことを、＝の記号（読みかたは、「は」）を使って表します。
＝の記号のことを、等号といいます。

> **等号を使った表しかた**
>
> 同じ数＝同じ数 　　　**[例]** 5＝5

どちらの数が大きいか、小さいかについて、＞と＜の記号を使って表します。これらの記号のことを、不等号といいます。
それぞれの読みかたは、＞が「**大なり**」、＜が「**小なり**」です。

> **不等号を使った表しかた**
>
> 大きい数＞小さい数 　　　**[例]** 8＞7
> 小さい数＜大きい数 　　　**[例]** 3＜6

 **教えるときのポイント！**

等号と不等号という用語は、2年生のうちに教えるのがおすすめ！

記号＝は1年生の教科書から、記号＞、＜は2年生の教科書から、それぞれ出てきます。ただし、等号、不等号という用語（の呼びかた）が教科書に出てくるのは3年生です。

記号＞、＜は2年生から習うので、家庭学習では2年生の時点で等号、不等号という用語を教えてもよいでしょう。3年生でどちらの用語も学ぶのですから、2年生のうちに「記号と用語をセットでおさえる」ことをおすすめします。

**例題** それぞれの □ に、＝、＞、＜のどれかを入れましょう。

（1）206 □ 198　　　　（2）355 □ 355　　　　（3）8790 □ 8970

**解答** 大きい位から順に、大小を比べるのがポイントです。

（1）206と198の百の位を比べましょう。206の百の位は2で、198の百の位は1です。
　　2は1より大きいので、「206＞198」です。
　　　　　　　　　　　　　　　　　　　　　　　　　　　　　答え　＞

（2）□ の左右に同じ355があるので「355＝355」です。
　　　　　　　　　　　　　　　　　　　　　　　　　　　　　答え　＝

（3）8790と8970の千の位は同じ8なので、百の位を比べましょう。8790の百の位は
　　7で、8970の百の位は9です。7は9より小さいので、「8790＜8970」です。
　　　　　　　　　　　　　　　　　　　　　　　　　　　　　答え　＜

**問題1**

それぞれの □ に、＝、＞、＜のどれかを入れましょう。
（1）555651 □ 556651　　　（2）101053 □ 10253　　　（3）9517万 □ 9517万

**解答**

（1）大きい位から順に、大小を比べていきましょう。555651と556651の十万の位と一万の位はそれぞれ同じ
　　5なので、千の位を比べましょう。555651の千の位は5で、556651の千の位は6です。5は6より小さいので、
　　「555651＜556651」です。
　　　　　　　　　　　　　　　　　　　　　　　　　　　　　答え　＜

（2）101053は6ケタの数で、10253は5ケタの数なので、「101053＞10253」です。
　　　　　　　　　　　　　　　　　　　　　　　　　　　　　答え　＞

（3）□ の左右に同じ9517万があるので、「9517万＝9517万」です。
　　　　　　　　　　　　　　　　　　　　　　　　　　　　　答え　＝

**問題2**

次の □ にあてはまる数をすべて答えましょう。　　　931 ＞ 9 □ 1

**解答** 931と9 □ 1の百の位は同じ9なので、十の位を比べましょう。931の十の位は3なので、□ に
は3より小さい数が入ります。だから、□ にあてはまる数は、0と1と2です。0を忘れないように
しましょう。
　　　　　　　　　　　　　　　　　　　　　　　　　　　　答え　0、1、2

# 1 くり上がりのないたし算の文章題

## 1 くり上がりのないたし算の文章題

**例題1** 白い紙が5枚あります。青い紙が2枚あります。紙は全部で何枚ありますか。

**解答**

白い紙5枚　　　　　　　　　青い紙2枚

合わせて7枚

5と2を合わせると、7になります。

これを次のように書きます。

[式]　　5 ＋ 2 ＝ 7

[読みかた]　5たす2は7　　答え **7枚**

＋の書きかた　＝の書きかた

**例題2** 大人が3人います。そこに6人来ました。みんなで何人になりましたか。

**解答**

3人いる　　　　　　6人来た

合わせて9人

3と6を合わせると、9になります。

[式] 3＋6＝9

答え **9人**

5＋2や3＋6のような計算を、**たし算**といいます。また、**たし算**の答えを**和**といいます。
例えば、**5と2の和が7**ということです。

## 2 0のたし算

 **例題3** かごに入ったたまごの数を合わせると何個になりますか。□にあてはまる数を書きましょう。

(1)

 　　$3 + 1 = \boxed{\phantom{4}}$（個）

(2)

 　　$0 + 3 = \boxed{\phantom{3}}$（個）

**解答**　（1）答え **4**　　（2）2つのかごのたまごは、合わせて3個です。
ですから、答えは3です。　　答え **3**

※（2）から、☆を同じ数とすると「$0 + ☆ = ☆$」であることがわかります。
また、右のかごにたまごが入っていない場合を考えると「$☆ + 0 = ☆$」であることもみちびけます。

## 問題

次の計算をしましょう。

（1）$2 + 0 =$　　　　（2）$0 + 6 =$　　　　（3）$0 + 0 =$

**解答**　（1）答え **2**　（2）答え **6**　（3）答え **0**（解説は※を参照）

※（3）は、例題3と同じように考えましょう。「$0 + 0$」は、どちらのかごにもたまごが入っていない状態です。合わせても0個のままなので、「$0 + 0 = 0$」です。

 　　　　$0 + 0 = 0$

合わせて0個

 **教えるときのポイント！**

**くり上がりのないたし算は「文章題→計算」の順に学ぶのがおすすめ！**

計算の仕方を学んでから文章題に進むのがふつうですが、たし算（と引き算）を初めて習うときは、先に文章題で「たし算の意味」を理解してから、計算練習に進むほうがスムーズに学べます（学校の教科書も同じ構成になっ

ていることが多いです）。
「0のたし算」も、「かごに入ったたまごの例」を学んでから、計算練習に入ることで、式の意味を理解しながら確実に計算できるようになります。

# 2 くり下がりのない引き算の文章題

> ここが
> 大切！
> 　文章題では、答えの書きかたに注意するべきときがある！

## 1 くり下がりのない引き算の文章題

**例題1** 教室に9人います。教室の外に7人出ていきました。教室には何人残っていますか。

**解答**

みんなで9人

残りは2人　　7人出ていった

9から7を引くと、2になります。これを次のように書きます。

[式]　　　9 − 7 = 2

[読みかた]　9ひく7は2

答え　2人

ーの書きかた

**例題2** じゃがいもが5個あります。玉ねぎが8個あります。どちらが何個多いですか。

**解答**

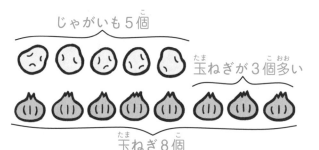

じゃがいも5個

玉ねぎが3個多い

玉ねぎ8個

8から5を引くと、
3になります。
[式] 8 − 5 = 3

答え　玉ねぎが3個多い。

※**例題2**は「どちらが何個多いですか」という問いなので、答えも「〜が…個多い」という書きかたにする必要があります（習っていない漢字は平仮名で問題ありません）。ただ「3個」を答えにするだけでは、サンカクかバツになってしまうので、気をつけましょう。

**9−7や8−5のような計算を、引き算といいます。また、引き算の答えを差といいます。**
例えば、**9と7の差が2**ということです。

## 2 0の引き算

**例題3** かごの中に3個のみかんがあります。このとき、□ にあてはまる数を書きましょう。

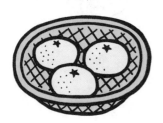

（1）1個食べると何個残る？　　3−1 = □（個）

（2）2個食べると何個残る？　　3−2 = □（個）

（3）3個食べると何個残る？　　3−3 = □（個）

（4）1個も食べないと何個残る？　3−0 = □（個）

**解答**　（1）答え **2**　（2）答え **1**　（3）答え **0**　（4）答え **3**

※☆を同じ数とします。（3）から、「☆−☆＝0」であることと、（4）から、「☆−0＝☆」であることがわかります。

**問題**

次の計算をしましょう。

（1）5−0 ＝　　（2）2−0 ＝　　（3）7−7 ＝　　（4）0−0 ＝

**解答**　（1）答え **5**　（2）答え **2**　（3）答え **0**　（4）答え **0**（下の 教えるときのポイント！ 参照）

### 🐧 教えるときのポイント！

#### 「0−0」が0になる理由とは？

「0−0＝0」になる理由を子どもにわかるように説明しようとすると、意外に難しいことがわかります。「0−0＝0」になる理由は、例題3のように、「かご」を例にすると教えやすいです。

まず、「0−0」の左の0は、「かごにみかんが1個も入っていない」ことを表します。そ

して、そこから「0を引く」ということは「1個も食べない」ことを表します。「かごにみかんが1個も入っていない（0個）」状態から、「1個も食べない（0を引く）」ので、1個も入っていない状態（0個）のままということです。これを式にすると、「0−0＝0」となります。

みかんが1個も入っていないかご　　　　　みかんが1個も入っていないまま

　1個も食べない　

0　　　−　　　0　　　＝　　　0

# 3 たし算と引き算の計算

ここが大切！ 「くり上がりのないたし算」と
「くり下がりのない引き算」を練習しよう！

## 1 くり上がりのないたし算の練習

### 問題1

次の計算をしましょう。

(1) 8＋1＝　　　(2) 2＋3＝　　　(3) 1＋7＝

(4) 6＋2＝　　　(5) 3＋4＝　　　(6) 1＋4＝

(7) 3＋1＝　　　(8) 6＋3＝　　　(9) 2＋5＝

(10) 3＋3＝　　　(11) 2＋4＝　　　(12) 2＋2＝

(13) 1＋1＝　　　(14) 4＋4＝　　　(15) 5＋3＝

(16) 1＋5＝　　　(17) 7＋2＝　　　(18) 4＋5＝

### 解答

(1) 答え 9　(2) 答え 5　(3) 答え 8　(4) 答え 8　(5) 答え 7　(6) 答え 5

(7) 答え 4　(8) 答え 9　(9) 答え 7　(10) 答え 6　(11) 答え 6　(12) 答え 4

(13) 答え 2　(14) 答え 8　(15) 答え 8　(16) 答え 6　(17) 答え 9　(18) 答え 9

# 2 くり下がりのない引き算の練習

 問題2

次の計算をしましょう。

(1) 5−2=　　　　(2) 8−3=　　　　(3) 4−1=

(4) 7−5=　　　　(5) 9−5=　　　　(6) 6−3=

(7) 4−2=　　　　(8) 6−4=　　　　(9) 7−4=

(10) 5−1=　　　　(11) 9−8=　　　　(12) 9−4=

(13) 8−7=　　　　(14) 8−2=　　　　(15) 7−3=

(16) 2−1=　　　　(17) 9−6=　　　　(18) 3−2=

 解答

(1) 答え **3**　(2) 答え **5**　(3) 答え **3**　(4) 答え **2**　(5) 答え **4**　(6) 答え **3**

(7) 答え **2**　(8) 答え **2**　(9) 答え **3**　(10) 答え **4**　(11) 答え **1**　(12) 答え **5**

(13) 答え **1**　(14) 答え **6**　(15) 答え **4**　(16) 答え **1**　(17) 答え **3**　(18) 答え **1**

 **教えるときのポイント！**

## 答えを暗記できるまで練習しよう！

問題1 が「くり上がりのないたし算」で、問題2 が「くり下がりのない引き算」でしたね。答えが9以下になる、1ケタ＋1ケタの「くり上がりのないたし算」は、全部で36通りあります（0のたし算を除く。また、例えば「1＋2」と「2＋1」は区別する）。また、1ケタ−1ケタの「くり下がりのない引き算」も、全部で36通りあります（0の引き算と、答えが0になる引き算を除く）。ですから、合わせて、(36＋36＝) 72通りあります。この72通りの答えは、九九（答えは81通り）のように暗記するくらいまで練習することをおすすめします。

# 4 3つの数の計算と文章題

> ここが大切！ **文章題に慣れないうちは、図をかいて考えよう！**

**例題1** 人が何人か並んでいます。ゆりさんの前に3人います。また、ゆりさんの後ろに2人います。みんなで何人並んでいますか。

**解答** 図にかいて、調べてみましょう。

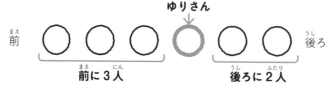

ゆりさんの前に3人いて、ゆりさんの後ろに2人います。

$3 + 1 = 4$（人）　　$4 + 2 = 6$（人）

ゆりさんの1人分をたすのを忘れないようにしましょう。このように2つの式でも答えを求められますが、次のように、1つの式にまとめることもできます。

$3 + 1 + 2 = 6$（人）

**答え　6人**

**例題2** 大きな車に9人乗っています。ある場所で、2人おりました。他の場所で4人おりました。大きな車に何人残っていますか。

**解答** 図にかいて、調べてみましょう。

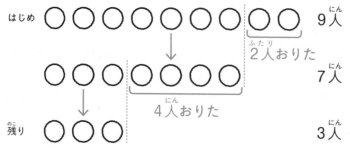

はじめ9人乗っていて、2人と4人がおりたのだから、

$9 - 2 - 4 = 3$（人）残っています。

**答え　3人**

**例題3** ある部屋に8人いました。その部屋から3人出て行って、5人入ってきました。今、部屋には何人いますか。

**解答** 図にかいて、調べてみましょう。

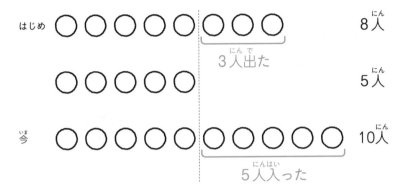

はじめ ○○○○○ ○○○　8人
3人出た

○○○○○　5人

今 ○○○○○ ○○○○○　10人
5人入った

はじめ8人いて、3人出て行って、5人入ってきたのだから、
$8-3+5=10$ （人）残っています。

**答え 10人**

 **教えるときのポイント！**

**慣れたら図をかかずに計算しよう！**

文章題を解くのに慣れていない場合は、例題1～例題3のように、図をかいてから式を考えるのがよいでしょう。練習を繰り返すうちに、図をかかなくても、頭の中で考えられるようになってきます。

ただし、図をかくのが面倒だからといって、無理に頭の中で考えて解こうとすると間違うこともあります。慣れないうちは、図をかくのを習慣にすることが大事です。

 **問題**

次の計算をしましょう。

（1）$2+4+3=$

（2）$10-1-7=$

（3）$1+8-4=$

（4）$7-5+6=$

**解答**

（1）$2+4+3=9$
　　　6
**答え 9**

（2）$10-1-7=2$
　　　9
**答え 2**

（3）$1+8-4=5$
　　　9
**答え 5**

（4）$7-5+6=8$
　　　2
**答え 8**

# 5 くり上がりのあるたし算

**くり上がりのある「1ケタ＋1ケタ」は、**
**「たして10にする」ことを考えよう！**

## 1 1ケタ＋1ケタ

くり上がりのあるたし算（引き算ならくり下がり）は、1年生で習う計算のなかで、つまずきやすいところです。数を計算しやすいまとまりに分けて解く「さくらんぼ計算」で、くり上がりのあるたし算を考えてみましょう。

「たして10にする」ことがポイントです（11ページの 🔥教えるときのポイント！ を参照）。

**例題1** 「6＋7＝」を計算しましょう。

**解答**

▶ **さくらんぼ計算のしかた**

6 ＋ 7 ＝ 13
　　　④ ③

6は、4をたすと10

① 7の下にさくらんぼをかき、7を4と3に分けて中に書く

② 6と4をたして、10

③ 10とさくらんぼの残りの3をたして、答えは13

答え **13**

**問題1**

次の計算をしましょう。

（1）5＋9＝　　　　　　　　　　　（2）8＋8＝

**解答**　　（1）5 ＋ 9 ＝ 14　　　　　　　（2）8 ＋ 8 ＝ 16
　　　　　　　　⑤ ④　　　　　　　　　　　　　② ⑥

5は、5をたすと10　　　　　　　8は、2をたすと10

答え **14**　　　　　　　答え **16**

## 2 2ケタ＋1ケタ、1ケタ＋2ケタ

「2ケタ＋1ケタ」と「1ケタ＋2ケタ」も、さくらんぼ計算を使って解くことができます。

例題2 次の計算をしましょう。

（1）39＋6＝              （2）8＋75＝

解答

（1）▶さくらんぼ計算のしかた

39 ＋ 6 ＝ 45

①⑤

39 は、1を
たすと40

①6の下にさくらんぼをかき、6を1と5に分け
て中に書く

②39と1をたして、40

③40とさくらんぼの残りの5をたして、答えは45

答え **45**

（2）▶さくらんぼ計算のしかた

8 ＋ 75 ＝ 83

②73

8 は、2を
たすと10

①75の下にさくらんぼをかき、75を2と73に分け
て中に書く

②8と2をたして、10

③10とさくらんぼの残りの73をたして、答えは83

答え **83**

---

問題2

次の計算をしましょう。

（1）57＋4＝              （2）6＋88＝

解答    （1）57 ＋ 4 ＝ 61

57 は、3を
たすと60

③①

答え **61**

（2）6 ＋ 88 ＝ 94

6 は、4を
たすと10

④84

答え **94**

---

教えるときのポイント！

### この項目の範囲が「1年生・2年生」である理由とは？

くり上がりのある「1ケタ＋1ケタ」は、
1年生で習います。一方、（筆算を使わない）
「2ケタ＋1ケタ」と「1ケタ＋2ケタ」は、
2年生で習います。

これらの計算はどちらも「さくらんぼ計算」
で解けるため、できそうなら同時にマスター
することをおすすめします。

第**2**章

たし算と引き算

33

# 6 くり下がりのある引き算

**ここが大切!** くり下がりのある「2ケタ－1ケタ」は、1ケタの数の下に、さくらんぼをかこう!

**例題1** 次の計算をしましょう。

（1）12－8＝                    （2）16－9＝

**解答** 1ケタの数の下に、さくらんぼをかきましょう。

（1）▶ **さくらんぼ計算のしかた**

12 － 8 ＝ 4
②⑥
12 は、2を引くと10

①8の下にさくらんぼをかき、8を2と6に分けて中に書く
②12から2を引いて、10
③10から6を引いて、答えは4          **答え 4**

（2）▶ **さくらんぼ計算のしかた**

16 － 9 ＝ 7
⑥③
16 は、6を引くと10

①9の下にさくらんぼをかき、9を6と3に分けて中に書く
②16から6を引いて、10
③10から3を引いて、答えは7          **答え 7**

**問題1**

次の計算をしましょう。

（1）13－7＝                    （2）18－9＝

**解答**

（1）13 － 7 ＝ 6
③④
13 は、3を引くと10          **答え 6**

（2）18 － 9 ＝ 9
⑧①
18 は、8を引くと10          **答え 9**

## 教えるときのポイント！

くり下がりのある「2ケタ−1ケタ」の引き算はすべて
「さくらんぼ計算」で解ける！

例題1 と 問題1 は、くり下がりのある「18以下の2ケタ−1ケタ」の計算でした（1年生の範囲）。一方、次の 例題2 と 問題2 のように、

くり下がりのある「2ケタ−1ケタ」のどんな引き算もすべて「さくらんぼ計算」で解けるので、挑戦してみましょう（2年生の範囲）。

### 例題2 次の計算をしましょう。

（1）24−5＝

（2）92−6＝

### 解答 1ケタの数の下に、さくらんぼをかきましょう。

**（1）▶さくらんぼ計算のしかた**

24 − 5 ＝ 19

24は、4を引くと20 ④ ①

①5の下にさくらんぼをかき、5を4と1に分けて中に書く

②24から4を引いて、20

③20から1を引いて、答えは19

答え **19**

**（2）▶さくらんぼ計算のしかた**

92 − 6 ＝ 86

92は、2を引くと90 ② ④

①6の下にさくらんぼをかき、6を2と4に分けて中に書く

②92から2を引いて、90

③90から4を引いて、答えは86

答え **86**

### 問題2

次の計算をしましょう。

（1）55−8＝

（2）81−3＝

### 解答

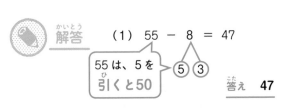

（1）55 − 8 ＝ 47

55は、5を引くと50 ⑤ ③

答え **47**

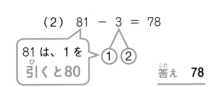

（2）81 − 3 ＝ 78

81は、1を引くと80 ① ②

答え **78**

# 7 たし算と引き算の文章題

**ここが大切！** 似ている文章題でも、答えが違うことがあるから注意！

## 問題1

ゆうきくんは前から7番目にいます。ゆうきくんの後ろに4人います。みんなで何人並んでいますか。

**解答**　図をかいて考えましょう。

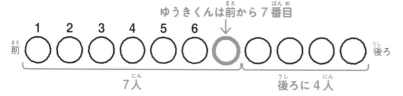

ゆうきくんは前から7番目

前　① ② ③ ④ ⑤ ⑥ ⑦　後ろ
7人　　後ろに4人

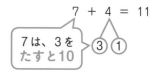

7 ＋ 4 ＝ 11

7は、3をたすと10　③ ①

答え　**11人**

### 教えるときのポイント！

**「前から7番目」と「前に7人」を区別しよう！**

まず、次の問題を解いてください。

【例】みきさんの前に7人います。みきさんの後ろに4人います。みんなで何人並んでいますか。

**解きかた**　図をかいて考えましょう。

みきさん

前　① ② ③ ④ ⑤ ⑥ ⑦　後ろ
前に7人　　後ろに4人

7 ＋ 1 ＋ 4 ＝ 8 ＋ 4 ＝ 12

みきさんの1人分をたす　　8は、2をたすと10　② ②

答え　**12人**

問題1とこの問題は似ていますが、答えは違います。ややこしいと思った方は、第1章の「何番目（12ページ）」をもう一度読み直してください。学校のテストなどで出題されたときに、はっきり区別して正解できるように練習しておきましょう。

**問題2**

だいすけくんは15本の鉛筆を持っていましたが、ひろこさんに8本あげました。だいすけくんの鉛筆は何本残っていますか。

**解答** 図をかいて考えましょう。

15本の鉛筆

8本あげた　　　何本残る？

$$15 - 8 = 7$$

15は、5を引くと10　⑤③

答え **7本**

 **問題3**

色紙が38枚あります。さらに、色紙を9枚もらいました。色紙は全部で何枚になりましたか。

**解答** 問題1と問題2のように、図に1つずつかくと大変なので、次のような線分図(数の関係を、線を使って表した図)を使って考えましょう。

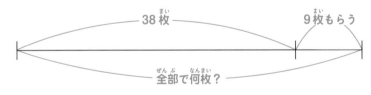

38枚　　　9枚もらう

全部で何枚？

$$38 + 9 = 47$$

38は、2をたすと40　②⑦

答え **47枚**

 **問題4**

りんごが6個あります。みかんが41個あります。どちらが何個多いですか。

**解答** 線分図を使って考えましょう。

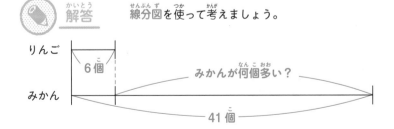

りんご　6個

みかんが何個多い？

みかん　41個

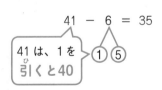

$$41 - 6 = 35$$

41は、1を引くと40　①⑤

答え **みかんが35個多い。**

※「どちらが何個多いですか」という問題なので、「35個」だけを答えにすると、サンカクかバツになるので注意しましょう。

# 1 くり上がりのないたし算の筆算

**ここが大切！** たし算と引き算の筆算は、位をそろえて計算しよう！

## 1 くり上がりのないたし算の筆算の解きかた

**例題** 次の計算を筆算で解きましょう。

23＋51＝

**解答**

十の位と一の位をそろえて筆算しましょう。

▶**筆算のしかた**
①位をそろえて数を書く
②一の位どうしをたす（3＋1＝4）
③4を下に書く
④十の位どうしをたす（2＋5＝7）
⑤7を下に書く

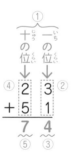

答え **74**

この筆算を、10円玉と1円玉を使って表すと、次のようになります。

# 2 くり上がりのないたし算の筆算の練習

## 教えるときのポイント！

### 筆算は位をそろえないと間違うので注意！

2ケタ＋2ケタだけでなく、何ケタ＋何ケタでも、位をそろえれば、同じように筆算できます。例えば、34 ＋ 152 の筆算で、右の【例1】の場合、位がそろっていない（34 の十の位の3 が、152 の百の位の1 の上にある）ので、このまま計算すると間違いとなります。【例2】のように、34 と 152 のそれぞれの十の位と一の位をそろえて計算すると、正解が求められます。「位をそろえる」という表現がお子さんに伝わりにくい場合は「右に数をそろえて書く」というように教えてあげてください。

| 【例1】間違いの例 | 【例2】正しい例 |
|---|---|
| どちらも位がそろっていないので× | 位がそろっているから○ |
| $\begin{array}{r} 3\,4 \\ +\,1\,5\,2 \\ \hline 4\,9\,2 \end{array}$ | $\begin{array}{r} 3\,4 \\ +\,1\,5\,2 \\ \hline 1\,8\,6 \end{array}$ ← 右に数をそろえて書く |
| ✕ | ○ |

## 問題

次の計算を筆算で解きましょう。

（1）15＋83＝ 　　　（2）22＋32＝ 　　　（3）75＋14＝

（4）127＋41＝ 　　　（5）711＋65＝ 　　　（6）76＋102＝

（7）54＋543＝ 　　　（8）284＋614＝ 　　　（9）309＋490＝

（10）1020＋819＝ 　　　（11）5325＋352＝ 　　　（12）144＋1123＝

（13）463＋7100＝ 　　　（14）1518＋2301＝ 　　　（15）5025＋4060＝

## 解答　位をそろえて筆算しましょう。

（1） $\begin{array}{r} 1\,5 \\ +\,8\,3 \\ \hline 9\,8 \end{array}$ 　　　（2） $\begin{array}{r} 2\,2 \\ +\,3\,2 \\ \hline 5\,4 \end{array}$ 　　　（3） $\begin{array}{r} 7\,5 \\ +\,1\,4 \\ \hline 8\,9 \end{array}$

（4） $\begin{array}{r} 1\,2\,7 \\ +\quad4\,1 \\ \hline 1\,6\,8 \end{array}$ 　　　（5） $\begin{array}{r} 7\,1\,1 \\ +\quad6\,5 \\ \hline 7\,7\,6 \end{array}$ 　　　（6） $\begin{array}{r} 7\,6 \\ +\,1\,0\,2 \\ \hline 1\,7\,8 \end{array}$

（7） $\begin{array}{r} 5\,4 \\ +\,5\,4\,3 \\ \hline 5\,9\,7 \end{array}$ 　　　（8） $\begin{array}{r} 2\,8\,4 \\ +\,6\,1\,4 \\ \hline 8\,9\,8 \end{array}$ 　　　（9） $\begin{array}{r} 3\,0\,9 \\ +\,4\,9\,0 \\ \hline 7\,9\,9 \end{array}$

（10） $\begin{array}{r} 1\,0\,2\,0 \\ +\quad8\,1\,9 \\ \hline 1\,8\,3\,9 \end{array}$ 　　　（11） $\begin{array}{r} 5\,3\,2\,5 \\ +\quad3\,5\,2 \\ \hline 5\,6\,7\,7 \end{array}$ 　　　（12） $\begin{array}{r} 1\,4\,4 \\ +\,1\,1\,2\,3 \\ \hline 1\,2\,6\,7 \end{array}$

（13） $\begin{array}{r} 4\,6\,3 \\ +\,7\,1\,0\,0 \\ \hline 7\,5\,6\,3 \end{array}$ 　　　（14） $\begin{array}{r} 1\,5\,1\,8 \\ +\,2\,3\,0\,1 \\ \hline 3\,8\,1\,9 \end{array}$ 　　　（15） $\begin{array}{r} 5\,0\,2\,5 \\ +\,4\,0\,6\,0 \\ \hline 9\,0\,8\,5 \end{array}$

# 2 くり下がりのない引き算の筆算

**ここが大切！** 引き算の筆算の答えの左にくる「0」は書かないようにしよう！

## 1 くり下がりのない引き算の筆算の解きかた

**例題** 次の計算を筆算で解きましょう。

54−31＝

**解答**

十の位と一の位をそろえて筆算しましょう。

▶**筆算のしかた**
①位をそろえて数を書く
②一の位どうしを引く（4−1＝3）
③3を下に書く
④十の位どうしを引く（5−3＝2）
⑤2を下に書く

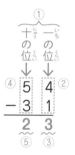

答え **23**

この筆算を、10円玉と1円玉を使って表すと、次のようになります。

## 2 くり下がりのない引き算の筆算の練習

 **教えるときのポイント！**

筆算の答えの左にくる「0」を書くのは間違い！
引き算の筆算で、左に0を残したまま答えにするのは間違いなので、注意しましょう。例えば、「175－172＝」を筆算で解くときの場合で考えてみましょう。

×
```
  1 7 5
－1 7 2
─────
  0 0 3
```
答えの左に0を残すと間違い

○
```
  1 7 5
－1 7 2
─────
      3
```
答えの左に0を書かないのが正解

 **問題**

次の計算を筆算で解きましょう。

(1) 38－17＝      (2) 61－31＝      (3) 99－56＝

(4) 155－44＝      (5) 590－40＝      (6) 868－67＝

(7) 273－151＝      (8) 496－396＝      (9) 905－300＝

(10) 3555－423＝      (11) 8184－8033＝      (12) 7607－603＝

(13) 2894－1641＝      (14) 9828－9820＝      (15) 6061－5051＝

**解答**　位をそろえて筆算しましょう。

(1)
```
   3 8
－ 1 7
─────
   2 1
```

(2)
```
   6 1
－ 3 1
─────
   3 0
```

(3)
```
   9 9
－ 5 6
─────
   4 3
```

(4)
```
   1 5 5
－   4 4
─────
   1 1 1
```

(5)
```
   5 9 0
－   4 0
─────
   5 5 0
```

(6)
```
   8 6 8
－   6 7
─────
   8 0 1
```

(7)
```
   2 7 3
－ 1 5 1
─────
   1 2 2
```

(8)
```
   4 9 6
－ 3 9 6
─────
   1 0 0
```

(9)
```
   9 0 5
－ 3 0 0
─────
   6 0 5
```

(10)
```
   3 5 5 5
－   4 2 3
───────
   3 1 3 2
```

(11)
```
   8 1 8 4
－ 8 0 3 3
───────
     1 5 1
```
答えの左に0がくるときは書かない
（ 参照）

(12)
```
   7 6 0 7
－   6 0 3
───────
   7 0 0 4
```

(13)
```
   2 8 9 4
－ 1 6 4 1
───────
   1 2 5 3
```

(14)
```
   9 8 2 8
－ 9 8 2 0
───────
         8
```
答えの左に0がくるときは書かない
（ 教えるときのポイント！参照）

(15)
```
   6 0 6 1
－ 5 0 5 1
───────
   1 0 1 0
```

# 3 くり上がりのあるたし算の筆算

**例題** 次の計算を筆算で解きましょう。

79＋46＝

**解答**

十の位と一の位をそろえて筆算しましょう。

▶**筆算のしかた**

①一の位の9と6をたして15

②15の一の位の5だけを下に書く

③15の十の位の1は、7の上に書く

④くり上げた1と、十の位の7と4をたした12を下に書く

```
③ 1    ①
    7  9
  + 4  6
  1 2  5
    ④  ②
```

答え **125**

## 教えるときのポイント！

**筆算でたし算の計算ができる理由とは？**

例題の「79 ＋ 46 ＝ 125」を例にして、筆算でたし算の計算ができる理由を、100円玉と10円玉と1円玉を使って解説していきます。

①まず、「79 ＋ 46 ＝」の筆算を、10円玉と1円玉を使って表すと、右のようになります。

②1円玉（一の位）から見ていきましょう。1円玉の9枚と6枚をたすと15枚になります。1円玉15枚のうち、10枚を集めて、10円玉1枚に交換します。このように、1円玉10枚を、10円玉1枚に交換することが「くり上がり」です。残った1円玉5枚は、そのまま答えの一の位になります。右上に続く ⟳

1円玉10枚を10円玉1枚に交換（くり上がり）

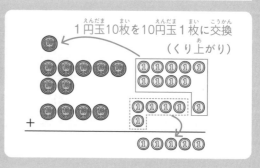

③次に、10円玉（十の位）を見ていきましょう。くり上がった10円玉1枚と、7枚と4枚をたすと (1＋7＋4＝) 12枚になります。10円玉12枚のうち、10枚を集めて、100円玉1枚に交換します。このように、10円玉10枚を、100円玉1枚に交換することも「くり上がり」です。残った10円玉2枚は、そのまま答えの十の位になります。
このようにして、筆算で「79＋46＝125」と求めることができます。

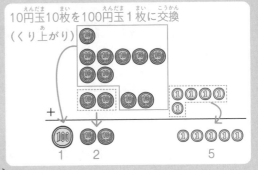

10円玉10枚を100円玉1枚に交換
（くり上がり）

第3章 たし算と引き算の筆算

 問題

次の計算を筆算で解きましょう。

（1）26＋38＝　　　　（2）51＋59＝　　　　（3）77＋85＝

（4）169＋56＝　　　（5）848＋70＝　　　　（6）43＋107＝

（7）55＋946＝　　　（8）318＋327＝　　　（9）789＋493＝

（10）3022＋199＝　　（11）9686＋446＝　　（12）108＋1912＝

（13）645＋7674＝　　（14）2482＋4518＝　　（15）7994＋8597＝

解答　　位をそろえて筆算しましょう。

(1)
```
   1
   2 6
 + 3 8
 ─────
   6 4
```

(2)
```
     1
   5 1
 + 5 9
 ─────
 1 1 0
```

(3)
```
     1
   7 7
 + 8 5
 ─────
 1 6 2
```

(4)
```
   1 1
   1 6 9
 +   5 6
 ───────
   2 2 5
```

(5)
```
     1
   8 4 8
 +   7 0
 ───────
   9 1 8
```

(6)
```
     1
     4 3
 + 1 0 7
 ───────
   1 5 0
```

(7)
```
   1 1
     5 5
 + 9 4 6
 ───────
 1 0 0 1
```

(8)
```
     1
   3 1 8
 + 3 2 7
 ───────
   6 4 5
```

(9)
```
   1 1
   7 8 9
 + 4 9 3
 ───────
 1 2 8 2
```

(10)
```
     1 1
   3 0 2 2
 +   1 9 9
 ─────────
   3 2 2 1
```

(11)
```
   1 1 1
   9 6 8 6
 +   4 4 6
 ─────────
 1 0 1 3 2
```

(12)
```
   1   1
     1 0 8
 + 1 9 1 2
 ─────────
   2 0 2 0
```

(13)
```
   1 1
     6 4 5
 + 7 6 7 4
 ─────────
   8 3 1 9
```

(14)
```
   1 1 1
   2 4 8 2
 + 4 5 1 8
 ─────────
   7 0 0 0
```

(15)
```
   1 1 1
   7 9 9 4
 + 8 5 9 7
 ─────────
 1 6 5 9 1
```

# 4 くり下がりのある引き算の筆算

ここが大切！ くり下がりのある引き算の筆算のしくみを理解しよう！

例題 次の計算を筆算で解きましょう。

53−16＝

解答

十の位と一の位をそろえて筆算しましょう。

▶筆算のしかた

①一の位の3から6は引けない

②53の十の位の5から1をかりて、（13−6＝）7を下に書く

③53の十の位の5は1かしたので、4になる

④十の位の4から1を引いた3を下に書く

```
③ 4 ①
  5 3
− 1 6
  3 7
  ④ ②
```

答え 37

## 教えるときのポイント！

**筆算で引き算の計算ができる理由とは？**

例えば「302 − 124 ＝」のように、引かれる数（この場合は302）に、0が含まれているときの引き算を苦手にしている生徒が多いようです。そこで、「302 − 124 ＝」を例に、筆算で引き算の計算ができる理由を、100円玉と10円玉と1円玉を使って解説していきます。

①まず、「302 − 124 ＝」の筆算を、100円玉と10円玉と1円玉を使って表すと、次のようになります。

```
302    (100)(100)(100)        ①①
      →
−124   −(100)        (10)(10) ①①①①
```

②1円玉（一の位）から見ていきましょう。1円玉2枚から4枚は引けません。ここで10円玉から1枚かりたいところですが、10円玉がないので、100円玉から1枚かります。100円玉3枚から1枚かりて、その1枚を10円玉10枚に交換します。そして、10円玉10枚から1枚かりて、その1枚を1円玉10枚に交換します。このように、100円玉1枚を10円玉10枚に交換したり、10円玉1枚を1円玉10枚に交換したりすること（下線を引いた部分）が「くり下がり」です。

右上に続く ↗

その結果、100円玉が2枚、10円玉が（10－1＝）9枚、1円玉が（2＋10＝）12枚になります（100円玉3枚を「100円玉2枚、10円玉9枚、1円玉10枚」に両替したということです）。

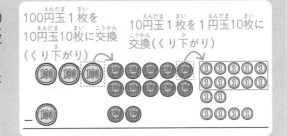

③それぞれの位を引くと、右のように「302－124＝178」と求められます。
※ちなみに、学校の教科書では、下のように、302の十の位の0を、ななめの線で消して、0の上の10もななめの線で消して、その上に9を書く表しかたになっています。

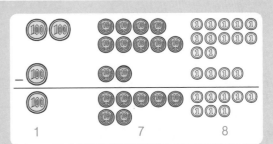

```
    9
   2̸1̸0̸
   3̸0̸2
 － 1 2 4
 ─────────
   1 7 8
```
10円玉の数が「0枚→10枚→9枚」と変化したことを表す

コインの例で話すと、10円玉がはじめ0枚でしたが、100円玉1枚をかりて、10円玉10

枚になります。そして、10円玉10枚のうち、1枚を1円玉10枚にするので、結局10円玉は9枚になります。つまり、10円玉は「0枚→10枚→9枚」と枚数を変化させていきます。
そのため、はじめの0枚と10枚にななめの線を引いて、9を新たに書いているのです。

## 問題

次の計算を筆算で解きましょう。

（1）41－19＝　　　（2）80－57＝　　　（3）235－68＝

（4）502－33＝　　　（5）286－279＝　　　（6）901－605＝

（7）3684－726＝　　　（8）8133－774＝　　　（9）3575－1687＝

（10）7001－5612＝

## 解答　位をそろえて（右にそろえて）筆算しましょう。

(1)
```
    3
    4̸1
  － 1 9
 ───────
    2 2
```

(2)
```
    7
    8̸0
  － 5 7
 ───────
    2 3
```

(3)
```
    1 2
    2̸3̸5
  －   6 8
 ─────────
    1 6 7
```

(4)
```
     9
     4̸1̸0
     5̸0̸2
  －    3 3
 ──────────
     4 6 9
```

(5)
```
        7
    2̸8̸6
  － 2 7 9
 ─────────
          7
```

(6)
```
      9
      8̸1̸0
    9̸0̸1
  － 6 0 5
 ─────────
    2 9 6
```

(7)
```
    2 7
    3̸6̸8̸4
  －   7 2 6
 ───────────
    2 9 5 8
```

(8)
```
    7 0 2
    8̸1̸3̸3
  －   7 7 4
 ───────────
    7 3 5 9
```

(9)
```
    2 4 6
    3̸5̸7̸5
  － 1 6 8 7
 ───────────
    1 8 8 8
```

(10)
```
       9 9
     6̸1̸0̸1̸0
     7̸0̸0̸1
  － 5 6 1 2
 ───────────
    1 3 8 9
```

第3章 たし算と引き算の筆算

# 5 たし算と引き算の筆算を使う文章題

**ここが大切！** たし算と引き算の文章題は、線分図をかいて考えよう！

 **問題1**

黄色のカードが95枚あり、青色のカードが86枚あります。カードは全部で何枚ありますか。

 **解答** 線分図を使って考えましょう。

| 黄色のカード95枚 | 青色のカード86枚 |
| --- | --- |

全部で何枚？

**[筆算]**
```
   1
   9 5
 + 8 6
 ─────
 1 8 1
```

**[式]** 95+86=181

答え **181枚**

 **問題2**

チョコレートが72円、クッキーが55円で、それぞれ売られています。どちらが何円高いですか。

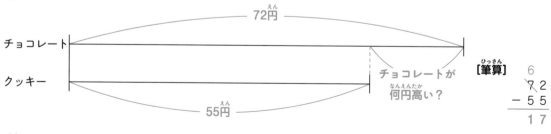 **解答** 線分図を使って考えましょう。

チョコレート 72円
クッキー 55円

チョコレートが何円高い？

**[筆算]**
```
     6
   7 2
 - 5 5
 ─────
   1 7
```

**[式]** 72-55=17

答え **チョコレートが17円高い。**

**問題3**

2580円の値引きをされて、5720円で売られているカバンがあります。このカバンが値引きをされる前の、もとの値段は何円ですか。値引きとは、値段を下げることです。

 **解答** 線分図を使って考えましょう。

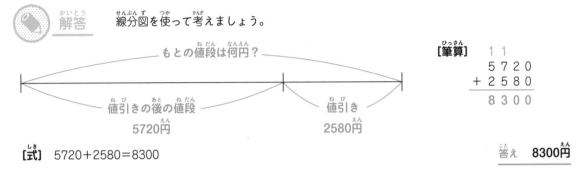

**[筆算]**
```
    1 1
   5720
 + 2580
   8300
```

**[式]** 5720＋2580＝8300

答え **8300円**

---

🐾 **教えるときのポイント！**

**たすか引くか迷ったら、線分図をかいて考えよう！**

 問題3は、「値引き」という言葉があるので、間違って「5720－2580＝」の計算をしてしまう生徒もいます。文章題に「たす」という言葉があればたし算、「引く」という言葉があれば引き算、というわけではないので注意しましょう。

このようなミスをしないために、問題文の意味をしっかりつかんだうえで、線分図をかいて、たし算か引き算かを判断してから計算するようにしましょう。

---

 **問題4**

ある遊園地に今日来た人は6305人でした。昨日来た人は今日より798人少なかったそうです。昨日来た人は何人でしたか。

 **解答** 線分図を使って考えましょう。

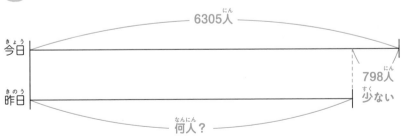

**[筆算]**
```
        9
    5 2 10
   6 3 0 5
 -     798
   5 5 0 7
```

**[式]** 6305－798＝5507

答え **5507人**

# 1 かけ算とは

> **ここが大切！**　かけ算と「〜倍」のそれぞれの意味をおさえよう！

**例題**　次のように、りんごが3個ずつ、4枚のお皿にのっています。このとき、□にあてはまる数を求めましょう。同じ記号には、同じ数が入ります。

りんごの全部の個数を、たし算を使って求めると、次のようになります。

ア□ ＋ イ□ ＋ ウ□ ＋ エ□ ＝ オ□（個）

りんごは、全部でオ□個あることがわかりました。

**解答**　答え　ア **3**　イ **3**　ウ **3**　エ **3**　オ **12**

**例題**では、りんごの個数を「3＋3＋3＋3＝12（個）」と、たし算の式を使って求めました。ただし、たし算の式では、お皿の数が多くなるほど、式が長くなり、式を書くのが大変になります。

「りんごが3個ずつ、4枚のお皿にのっているとき、りんごは全部で12個」であることを、次のように短い式で表すことができます。

　　　　　3個ずつ、4枚分で、12個

**[式]**　　　　3　×　4 ＝ 12

**[読みかた]**　3かける4 は 12

×の書きかた

次のように、鉛筆が2本ずつ、5個の箱に入っています。このとき、□ にあてはまる数を求めましょう。同じ記号には、同じ数が入ります。

鉛筆の全部の本数を、たし算を使って求めると、次のようになります。

ア□ ＋ イ□ ＋ ウ□ ＋ エ□ ＋ オ□ ＝ カ□ (本)

鉛筆は、全部で □ 本あることがわかりました。

このたし算の式を、次のように表すこともできます。

2 × キ□ ＝ ク□ (本)

 解答　　答え　　ア2　イ2　ウ2　エ2　オ2　カ10　キ5　ク10

**3×4や2×5のような計算**を、**かけ算**といいます。また、**かけ算の答え**を**積**といいます。例えば、**3と4の積が12**ということです。

---

## 教えるときのポイント！

### 「～倍」という表しかたをおさえよう！

**例題**では、「りんごが3個ずつ、4枚のお皿にのっているとき、りんごは全部で12個」であることを、「3×4＝12」という、かけ算の式で表しました。このとき、「3個の4倍は12個」と表すこともできます。

3 × 4 ＝ 12
↑　　↑
3個の4倍は12個

例えば、「3×2＝6」なら「3の2倍は6」、「3×3＝9」なら「3の3倍は9」とそれぞれ表せます。「3×1＝3」なら「3の1倍は3」と表せます。「1倍」という表しかたに慣れていない生徒もいるので、この機会におさえておきましょう。

# 2 九九の考えかた

> ここが大切！ 5の段と2の段を例に、九九の考えかたをおさえよう！

## 1 5の段

**例題1** ⑦～ケの □ にあてはまる数を求めましょう。

（1）次のように、まるい玉が5個ずつ、箱に入っています。このとき、1箱から5箱までの○の数を求めましょう。

○○○○○　5×1 = ⑦□（個）

○○○○○
○○○○○　5×2 = ⑦□（個）

○○○○○
○○○○○
○○○○○　5×3 = ⑦□（個）

○○○○○
○○○○○
○○○○○
○○○○○　5×4 = ⑦□（個）

○○○○○
○○○○○
○○○○○
○○○○○
○○○○○　5×5 = ⑦□（個）

（2）5×6から5×9までの答えを求めましょう。

5×6 = ⑦□　　5×7 = ⑦□　　5×8 = ⑦□　　5×9 = ⑦□

**解答** （1）答え ⑦5 ⑦10 ⑦15 ⑦20 ⑦25　（2）答え ⑦30 ⑦35 ⑦40 ⑦45

5×1の答えは「五一が5」、5×2の答えは「五二10」、5×3の答えは「五三15」、…のように覚えておくと、すぐに計算できます。このような言いかたを九九といいます。

> ・5の段の九九（特に、読みかたに注意すべきところに、青い丸（○）をつけました。）
> 5×1＝5　　5×2＝10　　5×3＝15　　5×4＝20　　5×5＝25
> 5×6＝30　　5×7＝35　　5×8＝40　　5×9＝45

**教えるときのポイント！**

**5の段なら5ずつ増えていくことをおさえよう！**

例えば、5の段では、5×1＝5、5×2＝10、5×3＝15、5×4＝20、…のように、答えが5ずつ増えていきます。次に習う2の段では、答えが2ずつ増えていきます。

九九に慣れないときに、「□の段は、□ずつ増える」ことを知っておくと役に立ちます。例えば、「5×5＝25で、5×6は…25に5をたした30」のように、たし算をして次の答えをみちびけるからです。

## 2 2の段

**例題2** ㋐〜㋚の □ にあてはまる数を求めましょう。

（1）次のように、みかんが2個ずつ、お皿にのっています。このとき、1皿から4皿までのみかんの数を求めましょう。

　　　　　　　　　　　　　　　$2 \times 1 = $ ㋐ ▢ （個）

　　　　　　　　　　　　　　　$2 \times 2 = $ ㋑ ▢ （個）

　　　　　　　　　　　　　　　$2 \times 3 = $ ㋒ ▢ （個）

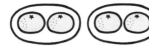　　　　　　　　　　　　　　　$2 \times 4 = $ ㋓ ▢ （個）

（2）2×5から2×9までの答えを求めましょう。

$2 \times 5 = $ ㋔ ▢　　　　$2 \times 6 = $ ㋕ ▢　　　　$2 \times 7 = $ ㋖ ▢

$2 \times 8 = $ ㋗ ▢　　　　$2 \times 9 = $ ㋘ ▢

**解答** （1）答え ㋐**2** ㋑**4** ㋒**6** ㋓**8**　（2）答え ㋔**10** ㋕**12** ㋖**14** ㋗**16** ㋘**18**

・**2の段の九九**（特に、読みかたに注意すべきところに、青い丸（○）をつけました。）

|  に いち が に 2×1＝2 |  に にん が し 2×2＝4 |  に さん が ろく 2×3＝6 |  に し が はち 2×4＝8 |  に ご じゅう 2×5＝10 |
| --- | --- | --- | --- | --- |
| に ろく じゅうに 2×6＝12 | に しち じゅうし 2×7＝14 | に はち じゅうろく 2×8＝16 | に く じゅうはち 2×9＝18 | |

# 3 九九

**ここが大切！** 1の段から9の段まですべて言えるように練習しよう！

かけ算では、「□×○」と「○×□」の答えは同じです（これを、かけ算の交換法則といいます）。例えば、「7×3」の答えがわからなかったとしましょう。このとき、「3×7＝21」であることを知っていれば、「7×3＝21」であることがわかります。これをひとつのヒントにして、1の段から9の段までを覚えましょう。また、「□の段は□ずつ増える」（51ページの 教えるときのポイント！ 参照）ことも、九九を覚えるときに役立ちます。

※特に、読みかたに注意すべきところに、青い丸（○）をつけました。

| 1の段 | | | | |
|---|---|---|---|---|
| いん 1 | × | いち 1 | が | いち 1 |
| いん 1 | × | に 2 | が | に 2 |
| いん 1 | × | さん 3 | が | さん 3 |
| いん 1 | × | し 4 | が | し 4 |
| いん 1 | × | ご 5 | が | ご 5 |
| いん 1 | × | ろく 6 | が | ろく 6 |
| いん 1 | × | しち 7 | が | しち 7 |
| いん 1 | × | はち 8 | が | はち 8 |
| いん 1 | × | く 9 | が | く 9 |

| 2の段 | | | | |
|---|---|---|---|---|
| に 2 | × | いち 1 | が | に 2 |
| に 2 | × | にん 2 | が | し 4 |
| に 2 | × | さん 3 | が | ろく 6 |
| に 2 | × | し 4 | が | はち 8 |
| に 2 | × | ご 5 | | じゅう 10 |
| に 2 | × | ろく 6 | | じゅうに 12 |
| に 2 | × | しち 7 | | じゅうし 14 |
| に 2 | × | はち 8 | | じゅうろく 16 |
| に 2 | × | く 9 | | じゅうはち 18 |

| 3の段 | | | | |
|---|---|---|---|---|
| さん 3 | × | いち 1 | が | さん 3 |
| さん 3 | × | に 2 | が | ろく 6 |
| さ 3 | × | ざん 3 | が | く 9 |
| さん 3 | × | し 4 | | じゅうに 12 |
| さん 3 | × | ご 5 | | じゅうご 15 |
| さぶ 3 | × | ろく 6 | | じゅうはち 18 |
| さん 3 | × | しち 7 | | にじゅういち 21 |
| さん 3 | × | ば 8 | | にじゅうし 24 |
| さん 3 | × | く 9 | | にじゅうしち 27 |

 **教えるときのポイント！**

### 「1の段の意味は？」と聞かれたら、どう答える？

1の段の意味についてわかりにくく感じている生徒もいるようです。実際、小学校の教科書でも、九九で最後に、1の段を習う構成になっています。1の段の意味について理解するために、右ページの【例】のような問題が有効です。

右ページに続く →

## 4の段

| | | | |
|---|---|---|---|
| し 4 | × いち 1 | が | し 4 |
| し 4 | × に 2 | が | はち 8 |
| し 4 | × さん 3 | = | じゅうに 12 |
| し 4 | × し 4 | = | じゅうろく 16 |
| し 4 | × ご 5 | = | にじゅう 20 |
| し 4 | × ろく 6 | = | にじゅうし 24 |
| し 4 | × しち 7 | = | にじゅうはち 28 |
| し 4 | × は 8 | = | さんじゅうに 32 |
| し 4 | × く 9 | = | さんじゅうろく 36 |

## 5の段

| | | | |
|---|---|---|---|
| ご 5 | × いち 1 | が | ご 5 |
| ご 5 | × に 2 | = | じゅう 10 |
| ご 5 | × さん 3 | = | じゅうご 15 |
| ご 5 | × し 4 | = | にじゅう 20 |
| ご 5 | × ご 5 | = | にじゅうご 25 |
| ご 5 | × ろく 6 | = | さんじゅう 30 |
| ご 5 | × しち 7 | = | さんじゅうご 35 |
| ご 5 | × は 8 | = | しじゅう 40 |
| ごっ 5 | × く 9 | = | しじゅうご 45 |

## 6の段

| | | | |
|---|---|---|---|
| ろく 6 | × いち 1 | が | ろく 6 |
| ろく 6 | × に 2 | = | じゅうに 12 |
| ろく 6 | × さん 3 | = | じゅうはち 18 |
| ろく 6 | × し 4 | = | にじゅうし 24 |
| ろく 6 | × ご 5 | = | さんじゅう 30 |
| ろく 6 | × ろく 6 | = | さんじゅうろく 36 |
| ろく 6 | × しち 7 | = | しじゅうに 42 |
| ろく 6 | × は 8 | = | しじゅうはち 48 |
| ろっ 6 | × く 9 | = | ごじゅうし 54 |

## 7の段

| | | | |
|---|---|---|---|
| しち 7 | × いち 1 | が | しち 7 |
| しち 7 | × に 2 | = | じゅうし 14 |
| しち 7 | × さん 3 | = | にじゅういち 21 |
| しち 7 | × し 4 | = | にじゅうはち 28 |
| しち 7 | × ご 5 | = | さんじゅうご 35 |
| しち 7 | × ろく 6 | = | しじゅうに 42 |
| しち 7 | × しち 7 | = | しじゅうく 49 |
| しち 7 | × は 8 | = | ごじゅうろく 56 |
| しち 7 | × く 9 | = | ろくじゅうさん 63 |

## 8の段

| | | | |
|---|---|---|---|
| はち 8 | × いち 1 | が | はち 8 |
| はち 8 | × に 2 | = | じゅうろく 16 |
| はち 8 | × さん 3 | = | にじゅうし 24 |
| はち 8 | × し 4 | = | さんじゅうに 32 |
| はち 8 | × ご 5 | = | しじゅう 40 |
| はち 8 | × ろく 6 | = | しじゅうはち 48 |
| はち 8 | × しち 7 | = | ごじゅうろく 56 |
| はっ 8 | × ば 8 | = | ろくじゅうし 64 |
| はっ 8 | × く 9 | = | しちじゅうに 72 |

## 9の段

| | | | |
|---|---|---|---|
| く 9 | × いち 1 | が | く 9 |
| く 9 | × に 2 | = | じゅうはち 18 |
| く 9 | × さん 3 | = | にじゅうしち 27 |
| く 9 | × し 4 | = | さんじゅうろく 36 |
| く 9 | × ご 5 | = | しじゅうご 45 |
| く 9 | × ろく 6 | = | ごじゅうし 54 |
| く 9 | × しち 7 | = | ろくじゅうさん 63 |
| く 9 | × は 8 | = | しちじゅうに 72 |
| く 9 | × く 9 | = | はちじゅういち 81 |

---

**[例]** 箱に入った、青い玉の全部の数を求めます。□にあてはまる数を答えましょう。

3個ずつ
 3×3＝9(個)

2個ずつ
 ㋐×3＝㋑□(個)

1個ずつ
 ㋒×3＝㋓□(個)

この問題の答えは次の通りです。
答え ㋐2 ㋑6 ㋒1 ㋓3

つまり、この問題では「1箱に1個ずつの玉が入っているときの全部の玉の数」を求めるとき

に、「1×□＝□」つまり、1の段が必要だということです。このように、実際の例を通してイメージすることで、1の段の意味をおさえることができます。

# 4 九九を使う文章題

ここが大切！ 2つ以上の式を使う文章題も解けるようになろう！

## 問題1

3本ずつたばになったボールペンが、8たばあります。ボールペンは全部で何本ありますか。

### 解答

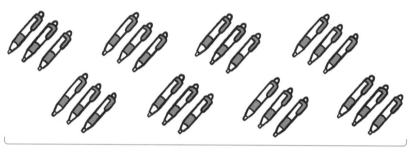

全部で何本？

3本ずつたばになったボールペンが8たばあるので、ボールペンの全部の本数は、次の式で求められます。

$3 × 8 = 24$

答え　**24本**

## 問題2

1週間は7日です。5週間は何日ですか。

### 解答

1週間は、「日曜、月曜、火曜、水曜、木曜、金曜、土曜」の7日あります。
5週間は、7日の5倍なので、日数は次の式で求められます。

$7 × 5 = 35$

答え　**35日**

**いくつかの式が必要な問題にもチャレンジしていこう！**

1年生、2年生の教科書に出てくる文章題は、1つの式で解けるものが多いですが、学年が上がるにつれて、2つ以上の式を使う文章題が出てきます。2つ以上の式を使う文章題では、問題文をしっかり読みとる力も問われてきます。問題の意味を読み間違わないように、慎重に解いていきましょう。

 問題3

メロンが9個あります。みかんは、メロンの7倍の個数より2個少ないそうです。みかんは何個ありますか。

 解答　まず、メロン（9個）の7倍の個数を求めましょう。

9×7＝63

みかんは、メロンの7倍の個数（63個）より2個少ないので、

63−2＝61

答え　**61個**

 問題4

4個ずつパックに入った電池を3パックと、6個ずつパックに入った電池を6パック買いました。全部で何個の電池を買いましたか。

 解答　4個ずつ、3パックの電池の数は、

4×3＝12

6個ずつ、6パックの電池の数は、

6×6＝36

4個ずつ、3パックの電池の数（12個）と6個ずつ、6パックの電池の数（36個）をたせば、電池の全部の個数が求められるので、

12＋36＝48

答え　**48個**

第**4**章

九九

# 5 ０×数、数×０、０×０

**ここが大切！**
「０×数」「数×０」「０×０」の
答えがどれも０である理由を言えるようになろう！

## 1 「０×数＝０」である理由

例えば、１個２円のネジを３個買うと、合計は、２×３＝６（円）になります。
次に、１個１円のネジを３個買うと、合計は、１×３＝３（円）になります

では、無料のネジ（１個０円のネジ）３個の代金はいくらになるでしょうか。ネジがどれも０円なので、３個の合計も０円（無料）になります。
これを式で表すと「０×３＝０」となります。

この例では、ネジ３個の代金を考えましたが、ネジの個数を変えても、同じことが言えます。つまり、次のことが成り立ちます。

> ０にどんな数をかけても０になる。　　**[例]** ０×８＝０

## 2 「数×０＝０」である理由

１個５円のネジを０個買うと、合計はいくらになるか考えましょう。「０個買う」というのは、「１個も買わない」ということと同じ意味ですから、合計は０円です。
これを式で表すと「５×０＝０」となります。

この例では、１個５円のネジの代金を考えましたが、ネジ１個の値段を変えても、同じことが言えます。つまり、次のことが成り立ちます。

> どんな数に０をかけても０になる。　　**[例]** ９×０＝０

**教えるときのポイント！**

**「0×0」の答えが0になる理由とは？**

無料のネジ（1個0円のネジ）を0個買うと、合計はいくらになるか考えましょう。「0個買う」というのは、「1個も買わない」ということと同じ意味です。つまり、「無料のネジを1個も買わない」ということですから、合計は0円です。これを式で表すと「0×0＝0」となります。

ここまでをまとめると、「0×数」「数×0」「0×0」の答えはどれも0であるということです。それぞれの答えが0になる理由を説明できるようにしておきましょう。

## 3 0のかけ算の練習

**問題1**

次の計算をしましょう。

(1) 0×6＝          (2) 1×0＝          (3) 0×0＝

**解答**

(1) 「0×数＝0」なので、答えは0です。          答え **0**

(2) 「数×0＝0」なので、答えは0です。          答え **0**

(3) 「0×0＝0」なので、答えは0です。          答え **0**

**問題2**

次の計算をしましょう。

4×0×7＝

**解答**

「4×0×7＝」の「4×0」から見ていきましょう。「数×0＝0」なので、「4×0＝0」です。つまり、「4×0×7＝0×7」となります。

次に、「0×7」を計算しましょう。「0×数＝0」なので、「0×7＝0」です。

これをまとめると、次の式になります（このように、「＝」を2つ以上使って式をつなぐこともできます）。

4×0×7＝0×7＝0          答え **0**

**問題2**から、かけ算だけでできている式に0が混じっていたら、答えは0になるということがわかります。

かけ算だけでできた式

**[例]** 2×5×0×3×4＝0

0が混じっているので、答えは0

57

# 1 2ケタ×1ケタ、3ケタ×1ケタの筆算

**ここが大切！** 2ケタ×1ケタも3ケタ×1ケタも、筆算のしかたは同じ！

## 1 2ケタ×1ケタの筆算

**例題1** 次の計算を筆算で解きましょう。

$57 \times 3 =$

**解答**

**ステップ1** まず「3×7＝21」の一の位の1を下に書く。21の十の位の2は、くり上げる。慣れないうちは、この2を、1の左上に小さく書く。

$$\begin{array}{r} 5\ 7 \\ \times\quad 3 \\ \hline {}^2\,1 \end{array}$$ かける

**ステップ2** 次に「3×5＝15」の15に、くり上げた2をたして、17にする。この17を下に書き、答えが**171**と求められる。

かける

$$\begin{array}{r} 5\ 7 \\ \times\quad 3 \\ \hline 1\ 7\,{}^2 1 \end{array}$$

## 問題1

次の計算を筆算で解きましょう。

(1) $14 \times 2 =$ 　(2) $23 \times 3 =$ 　(3) $31 \times 4 =$ 　(4) $18 \times 3 =$

(5) $35 \times 2 =$ 　(6) $24 \times 4 =$ 　(7) $48 \times 6 =$ 　(8) $64 \times 5 =$

(9) $88 \times 7 =$ 　(10) $97 \times 5 =$ 　(11) $79 \times 9 =$ 　(12) $68 \times 8 =$

 **解答**

(1)
$$\begin{array}{r} 1\ 4 \\ \times\quad 2 \\ \hline 2\ 8 \end{array}$$

(2)
$$\begin{array}{r} 2\ 3 \\ \times\quad 3 \\ \hline 6\ 9 \end{array}$$

(3)
$$\begin{array}{r} 3\ 1 \\ \times\quad 4 \\ \hline 1\ 2\ 4 \end{array}$$

(4)
$$\begin{array}{r} 1\ 8 \\ \times\quad 3 \\ \hline 5\,{}^2 4 \end{array}$$

(5)
$$\begin{array}{r} 3\ 5 \\ \times\quad 2 \\ \hline 7\,{}^1 0 \end{array}$$

(6)
$$\begin{array}{r} 2\ 4 \\ \times\quad 4 \\ \hline 9\,{}^1 6 \end{array}$$

(7)
$$\begin{array}{r} 4\ 8 \\ \times\quad 6 \\ \hline 2\ 8\,{}^4 8 \end{array}$$

(8)
$$\begin{array}{r} 6\ 4 \\ \times\quad 5 \\ \hline 3\ 2\,{}^2 0 \end{array}$$

(9)
$$\begin{array}{r} 8\ 8 \\ \times\quad 7 \\ \hline 6\ 1\,{}^5 6 \end{array}$$

(10)
$$\begin{array}{r} 9\ 7 \\ \times\quad 5 \\ \hline 4\ 8\,{}^3 5 \end{array}$$

(11)
$$\begin{array}{r} 7\ 9 \\ \times\quad 9 \\ \hline 7\ 1\,{}^8 1 \end{array}$$

(12)
$$\begin{array}{r} 6\ 8 \\ \times\quad 8 \\ \hline 5\ 4\,{}^6 4 \end{array}$$

**教えるときのポイント！**

「くり上がりのあるたし算」がスムーズにできれば、筆算はすばやく解ける！

例えば、例題1 (12) の「68×8」の筆算では、まず「8×8＝64」の一の位の4を下に書き、十の位の6をくり上げますね。次に、「8×6＝48」の48に、くり上げた6をたすところで、「48＋6」という計算が必要になります。この

「くり上がりのあるたし算」のところで、時間がかかったり、ミスしてしまったりするケースが多いようです。その場合、くり上がりのある「1ケタ＋1ケタ」や「2ケタ＋1ケタ」を反復練習して鍛えると、かけ算の筆算をすばやく正確に解けるようになっていきます（32、33ページ参照）。

## 2 3ケタ×1ケタの筆算

**例題2** 次の計算を筆算で解きましょう。

239×6＝

**解答**

**ステップ1** まず「6×9＝54」の一の位の4を下に書く。54の十の位の5は、くり上げる。慣れないうちは、この5を、4の左上に小さく書く。

$$\begin{array}{r} 2\,3\,9 \\ \times\quad 6 \\ \hline {}^5 4 \end{array}$$

**ステップ2** 次に「6×3＝18」の18に、くり上げた5をたして、23にする。23の一の位の3を下に書く。23の十の位の2は、くり上げる。慣れないうちは、この2を、3の左上に小さく書く。

$$\begin{array}{r} 2\,3\,9 \\ \times\quad 6 \\ \hline {}^2 3\,{}^5 4 \end{array}$$

**ステップ3** 次に「6×2＝12」の12に、くり上げた2をたして、14にする。この14を下に書き、答えが**1434**と求められる。

$$\begin{array}{r} 2\,3\,9 \\ \times\quad 6 \\ \hline 1\,4\,{}^2 3\,{}^5 4 \end{array}$$

 **問題2**

次の計算を筆算で解きましょう。

（1）132×3＝　　　（2）414×2＝　　　（3）213×5＝

（4）730×6＝　　　（5）591×8＝　　　（6）658×2＝

（7）964×6＝　　　（8）738×9＝　　　（9）876×7＝

**解答**

（1）
$$\begin{array}{r} 1\,3\,2 \\ \times\quad 3 \\ \hline 3\,9\,6 \end{array}$$

（2）
$$\begin{array}{r} 4\,1\,4 \\ \times\quad 2 \\ \hline 8\,2\,8 \end{array}$$

（3）
$$\begin{array}{r} 2\,1\,3 \\ \times\quad 5 \\ \hline 1\,0\,6\,{}^1 5 \end{array}$$

（4）
$$\begin{array}{r} 7\,3\,0 \\ \times\quad 6 \\ \hline 4\,3\,{}^1 8\,0 \end{array}$$

（5）
$$\begin{array}{r} 5\,9\,1 \\ \times\quad 8 \\ \hline 4\,7\,{}^7 2\,8 \end{array}$$

（6）
$$\begin{array}{r} 6\,5\,8 \\ \times\quad 2 \\ \hline 1\,3\,{}^1 1\,6 \end{array}$$

（7）
$$\begin{array}{r} 9\,6\,4 \\ \times\quad 6 \\ \hline 5\,7\,{}^3 8\,{}^2 4 \end{array}$$

（8）
$$\begin{array}{r} 7\,3\,8 \\ \times\quad 9 \\ \hline 6\,6\,{}^3 4\,{}^7 2 \end{array}$$

（9）
$$\begin{array}{r} 8\,7\,6 \\ \times\quad 7 \\ \hline 6\,1\,{}^5 3\,{}^4 2 \end{array}$$

# 2 2ケタ×2ケタ、3ケタ×2ケタの筆算

**ここが大切！** 2ケタ×2ケタも3ケタ×2ケタも、筆算のしかたは同じ！

## 1 2ケタ×2ケタの筆算

**例題1** 次の計算を筆算で解きましょう。

$$37×28=$$

**解答**

**ステップ1**

まず「37×8」の筆算をして、296を下に書く。

```
   3 7
 ×2 8
 2 9⁵6  ← 37×8の
          筆算の結果
```

**ステップ2**

次に「37×2」の筆算をして、74を左に1ケタずらして書く。

```
   3 7
 ×2 8
 2 9 6
 7¹4  ← 37×2の
        筆算の結果
```

**ステップ3**

位に注意して上下の数をたすと、答えが1036と求められる。

```
    3 7
  ×2 8
  2 9 6
  7 4
 1 0 3 6
```

**問題1**

次の計算を筆算で解きましょう。

（1）14×15＝　（2）27×13＝　（3）49×28＝　（4）33×51＝

（5）65×28＝　（6）58×46＝　（7）79×64＝　（8）87×95＝　（9）98×96＝

**解答**

（1）
```
    1 4
  × 1 5
    7²0
    1 4
　 2 1 0
```

（2）
```
    2 7
  × 1 3
    8²1
    2 7
  3 5 1
```

（3）
```
    4 9
  × 2 8
  3 9²2
    9¹8
 1 3 7 2
```

（4）
```
    3 3
  × 5 1
    3 3
  1 6¹5
 1 6 8 3
```

（5）
```
    6 5
  × 2 8
  5 2⁴0
  1 3⁰0
 1 8 2 0
```

（6）
```
    5 8
  × 4 6
  3 4⁴8
  2 3³2
 2 6 6 8
```

（7）
```
    7 9
  × 6 4
  3 1³6
  4 7⁵4
 5 0 5 6
```

（8）
```
    8 7
  × 9 5
  4 3³5
  7 8⁶3
 8 2 6 5
```

（9）
```
    9 8
  × 9 6
  5 8⁴8
  8 8⁷2
 9 4 0 8
```

**筆算の「すばやさ」と「正確さ」はどっちが大事？**

結果から言うと、筆算だけでなく、あらゆる計算は「すばやく正確に」できることが理想です。ただ、習いたての頃は、ゆっくりでも正確に解くことを心がけましょう。慣れてきたら、少しずつスピードを上げていくことで「すばやく正確な計算」に近づいていきます。

## 2 3ケタ×2ケタの筆算

例題2 次の計算を筆算で解きましょう。

451×39＝

### 解答

**ステップ1**

まず「451×9」の筆算をして、4059を下に書く。

```
    4 5 1
×     3 9
  4 0⁴5⁹9  ←451×9の
           筆算の結果
```

**ステップ2**

次に「451×3」の筆算をして、1353を左に1ケタずらして書く。

```
    4 5 1
×     3 9
  4 0 5 9
1 3¹5³3  ←451×3の
         筆算の結果
```

**ステップ3**

位に注意して上下の数をたすと、答えが**17589**と求められる。

```
    4 5 1
×     3 9
  4 0 5 9
1 3 5 3
1 7 5 8 9
```

問題2

次の計算を筆算で解きましょう。

（1）121×12＝　　（2）253×17＝　　（3）318×29＝　　（4）426×57＝

（5）705×35＝　　（6）398×84＝　　（7）852×75＝　　（8）578×88＝

（9）974×93＝

 解答

（1）
```
    1 2 1
×     1 2
    2 4 2
  1 2 1
  1 4 5 2
```

（2）
```
    2 5 3
×     1 7
  1 7³7²1
  2 5 3
  4 3 0 1
```

（3）
```
    3 1 8
×     2 9
  2 8¹6⁷2
  6 3⁶6
  9 2 2 2
```

（4）
```
    4 2 6
×     5 7
  2 9¹8⁴2
  2 1³3⁰0
  2 4 2 8 2
```

（5）
```
    7 0 5
×     3 5
  3 5 2²5
  2 1 1¹5
  2 4 6 7 5
```

（6）
```
    3 9 8
×     8 4
  1 5³9⁹2
  3 1⁷8⁴4
  3 3 4 3 2
```

（7）
```
    8 5 2
×     7 5
  4 2²6⁰0
  5 9³6⁴4
  6 3 9 0 0
```

（8）
```
    5 7 8
×     8 8
  4 6⁶2⁴4
  4 6⁶2⁴4
  5 0 8 6 4
```

（9）
```
    9 7 4
×     9 3
  2 9²2¹2
  8 7⁶6⁶6
  9 0 5 8 2
```

# 3 かけ算の筆算を使う文章題

**2つ以上の計算が必要な文章題は、式を1つずつ丁寧に計算して答えを出そう！**

かけ算の筆算を使う文章題を解いていきましょう。

 **問題1**

1本49円のきゅうりを8本買って、レジで500円を出すと、おつりは何円ですか。

 **解答**

【式】　49×8＝392　…　きゅうり8本の代金
　　　　500−392＝108　…　500円を出したときのおつり

[筆算]
```
          9
        4 10
   4 9    5 0 0
 ×   8  − 3 9 2
 ─────   ───────
 3 9⁷2    1 0 8
```

答え　**108円**

 **問題2**

1個883円のコップを7個買いました。合計の代金は何円ですか。

 **解答**

【式】　883×7＝6181　…　コップ7個の代金

[筆算]
```
   8 8 3
 ×     7
 ───────
 6 1⁵8²1
```

答え　**6181円**

「～倍」という表現が出てくる文章題もある！

例えば、次の【例】のように「～倍」という表現が出てくる文章題も解けるようになりましょう（「～倍」の意味については、49ページのを参照）。

【例】弟は365円持っています。兄は、弟の3倍より75円多いお金を持っています。兄の持っているお金は何円ですか。

解きかた

【式】365 × 3 ＝ 1095 … 弟のお金の3倍
1095 ＋ 75 ＝ 1170 … 兄の持っているお金（弟の3倍より75円多い）

【筆算】
```
      3 6 5       1 1
    ×     3     1 0 9 5
    ─────────   ＋    7 5
    1 0 9 5     ─────────
                1 1 7 0
```

答え **1170円**

第**5**章 かけ算の筆算

---

問題3

1本75円の鉛筆を1ダース買って、1本95円のボールペンを2ダース買いました。合計の代金は何円ですか。ただし、1ダースとは12本のことです。

解答

【式】 75×12＝900 … 鉛筆1ダース（12本）の代金
12×2＝24 … 2ダースは24本
95×24＝2280 … ボールペン2ダース（24本）の代金
900＋2280＝3180 … 合計の代金

【筆算】
```
      7 5         1 2         9 5         9 0 0
    × 1 2       ×   2       × 2 4       ＋ 2 2 8 0
    ───────     ─────       ───────     ─────────
    1 5 0       2 4         3 8 0       3 1 8 0
    7 5                     1 9 0
    ───────                 ───────
    9 0 0                   2 2 8 0
```

答え **3180円**

---

問題4

1たば687枚の紙が45たばあります。紙は全部で何枚ありますか。

解答

【式】 687×45＝30915 … 紙のたば45たばの枚数

【筆算】
```
      6 8 7
    ×   4 5
    ─────────
    3 4 3 5
    2 7 4 8
    ─────────
    3 0 9 1 5
```

答え **30915枚**

# 4 計算のきまりと工夫

たし算だけの式やかけ算だけの式では、
どこにかっこをつけても答えは同じになる！

第5章は、かけ算（の筆算）についての章ですが、かけ算とたし算には、共通のきまりがあるので、たし算についても紹介します。

## 1 たし算の結合法則

たし算だけの式は、どこにかっこをつけても答えは同じになります。これを、結合法則といいます。記号を使って結合法則を表すと、次のようになります。

$$○+□+△=(○+□)+△=○+(□+△)$$

どこにかっこをつけても答えは同じ

※かっこ（　）は、ひとまとまりであることを表し、かっこの中から先に計算します。

### 問題1

次の計算を工夫して解きましょう。

（1）8 + 39 + 1 ＝　　　　（2）16 + 55 + 5 ＝　　　　（3）64 + 7 + 3 + 2 + 8 ＝

 解答　結合法則を使って、計算しやすいところにかっこをつけると、スムーズに解けます。

（1）　8 + 39 + 1　かっこをつける
　＝8 + (39 + 1)
　＝8 + 40　かっこの中を先に計算
　＝48

答え **48**

（2）　16 + 55 + 5　かっこをつける
　＝16 + (55 + 5)
　＝16 + 60　かっこの中を先に計算
　＝76

答え **76**

（3）　64 + 7 + 3 + 2 + 8　かっこをつける
　＝64 + (7 + 3) + (2 + 8)
　＝64 + 10 + 10　かっこの中を先に計算
　＝84

答え **84**

# 小杉拓也先生の参考書ラインナップ

## 小学生向け

復習、予習のどちらもできて、よかったです。詳しく書かれているので、とてもわかりやすかったです。（12歳女性）

子どもの勉強を教えるにあたり、評判がよかったため購入。（40代女性）

---

今度中学2年生になるのに、中学1年生までの数学がよくわからなくなってしまっていたため購入。
「小学校6年間の算数〜」とあわせて復習したら、内容がグングン頭に入ってきてわからないところが一つもなくなって自信が持てた!!
新学期になるのが楽しみ!!（13歳女性）

息子が中学生になるにあたり、少しでもアドバイスできるようにと購入しました。とてもわかりやすく、夢中になって読んでしまいました。なんだか数学が得意になった気分です。（40代女性）

## 中学生向け

---

## 高校生向け

ネットでの評判がとても高かった。
やってみると非常にわかりやすく満足。（17歳女性）

基本をしっかり勉強したかったので購入。
すごくわかりやすかったので、購入してよかったです。（15歳男性）

もう一度学習したくなった。数学的考え方を養うため購入。とても分かりやすい。（60代男性）

『中学校3年間の数学〜』を購入しマスターしたので、次を学びたくなった。（40代男性）

---

〒102-0083 東京都千代田区麹町4-1-4 西脇ビル　株式会社かんき出版

# 2 かけ算の結合法則

かけ算だけの式でも、結合法則が成り立ちます。つまり、**かけ算だけの式は、どこにかっこをつけても答えは同じ**になります。

$$〇×□×△=(〇×□)×△=〇×(□×△)$$

どこにかっこをつけても答えは同じ

問題2

次の計算を工夫して解きましょう。

（1）$70×2×4=$　　　（2）$9×45×2=$　　　（3）$98×4×25=$

**解答**　結合法則を使って、計算しやすいところにかっこをつけると、スムーズに解けます。

（1）$70×2×4$　　かっこを
　　$=70×(2×4)$　つける
　　$=70×8$　　　かっこの中
　　　　　　　　を先に計算
　　$=560$

答え　**560**

（2）$9×45×2$　　かっこを
　　$=9×(45×2)$　つける
　　$=9×90$　　　かっこの中
　　　　　　　　を先に計算
　　$=810$

答え　**810**

（3）$98×4×25$　　かっこを
　　$=98×(4×25)$　つける
　　$=98×100$　　かっこの中
　　　　　　　　を先に計算
　　$=9800$

答え　**9800**

---

## 教えるときのポイント！

### 交換法則も使えるようになろう！

たし算だけの式やかけ算だけの式では、数を並べかえても答えは同じになるという計算のきまりもあります。これを、**交換法則**といいます（52ページを参照）。

交換法則を使うと、次のような計算をスムーズに解くことができます。

**【例】** 次の計算を工夫して解きましょう。

（1）$23＋59＋7=$　　（2）$2×67×5=$

**解きかた**

（1）$23＋59＋7$　　　数を並べかえる
　　$=23＋7＋59$
　　$=30＋59$　　　$23＋7$を計算
　　$=89$

答え　**89**

（2）$2×67×5$　　　数を並べかえる
　　$=2×5×67$
　　$=10×67$　　　$2×5$を計算
　　$=670$

答え　**670**

# 1 割り算とは

**割り算**は、3ステップで**解**ける！

## 1 割り算とは

10個のりんごを、5人で同じ数ずつ分けると、次のようになります。

10個のりんごを、5人で同じ数ずつ分けると、1人分が2個になります。
これを式で次のように表すことができます。

**[式]**　　　 $10 \div 5 = 2$

**[読みかた]**　 10わる5 は 2

÷の書きかた

また、例えば「6個のりんごを、1人に2個ずつ分けると、3人に分けられる」ことを式で表すと、「$6 \div 2 = 3$」となります。

**$10 \div 5$や$6 \div 2$のような計算**を、**割り算**といいます。また、**割り算の答え**を**商**といいます。例えば、**$10 \div 5$の商**が2ということです。

## 2 割り算の練習

 **教えるときのポイント！**

割り算を3ステップで解こう！
割り算は、次の3ステップで解けます。

**ステップ1** 割り算の答え（商）を□とする

**ステップ2** 「○÷△＝□」を「△×□＝○」に変形する

**ステップ3** 九九の△の段を思い浮かべて、□（商）を求める

例題 次の計算をしましょう。

27÷3＝

解答

ステップ1 割り算の答え（商）を□とする

答えを□とすると「27÷3＝□」となります。

ステップ2 「○÷△＝□」を「△×□＝○」に変形する

「27÷3＝□」は、「27の中に3が□個ある」

という意味なので、「3×□＝27」という式に

変形することができます。

※（ア）の式を（イ）に変形する。

（ア）㉗ ÷ △3 ＝ □

（イ）　△3 × □ ＝ ㉗

ステップ3 九九の△の段を思い浮かべて、□（商）を求める

3に何をかけたら27になるかを、九九の3の段を思い浮かべな

がら考えると、（3×9＝27なので）□は9だとわかります。

「27÷3＝9」ということです。

答え 9

 問題

次の計算をしましょう。

(1) 8÷2＝　　(2) 18÷3＝　　(3) 25÷5＝　　(4) 12÷6＝

(5) 24÷4＝　　(6) 21÷7＝　　(7) 72÷9＝　　(8) 54÷6＝

(9) 48÷8＝　　(10) 16÷2＝　　(11) 42÷7＝　　(12) 56÷8＝

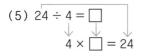 解答 答えを□として考えましょう。

(1) 8 ÷ 2 ＝ □
2 × □ ＝ 8
答え 4

(2) 18 ÷ 3 ＝ □
3 × □ ＝ 18
答え 6

(3) 25 ÷ 5 ＝ □
5 × □ ＝ 25
答え 5

(4) 12 ÷ 6 ＝ □
6 × □ ＝ 12
答え 2

(5) 24 ÷ 4 ＝ □
4 × □ ＝ 24
答え 6

(6) 21 ÷ 7 ＝ □
7 × □ ＝ 21
答え 3

(7) 72 ÷ 9 ＝ □
9 × □ ＝ 72
答え 8

(8) 54 ÷ 6 ＝ □
6 × □ ＝ 54
答え 9

(9) 48 ÷ 8 ＝ □
8 × □ ＝ 48
答え 6

(10) 16 ÷ 2 ＝ □
2 × □ ＝ 16
答え 8

(11) 42 ÷ 7 ＝ □
7 × □ ＝ 42
答え 6

(12) 56 ÷ 8 ＝ □
8 × □ ＝ 56
答え 7

# 2 0や1の割り算

ここが
大切！ 0や1の割り算の式の意味をおさえよう！

## 1 0や1の割り算

**例題** 箱に入っているみかんを、5人で同じ数ずつ分けるとき、1人分は何個になりますか。□ にあてはまる数を入れましょう。同じ記号には、同じ数が入ります。

（1）10個のみかんが入っているとき

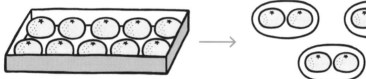

$10 ÷ \boxed{\phantom{ア}}^{ア} = \boxed{\phantom{イ}}^{イ}$（個）

答え $\boxed{\phantom{イ}}^{イ}$ 個

（2）5個のみかんが入っているとき

$\boxed{\phantom{ウ}}^{ウ} ÷ 5 = \boxed{\phantom{エ}}^{エ}$（個）

答え $\boxed{\phantom{エ}}^{エ}$ 個

（3）みかんが入っていないとき

$\boxed{\phantom{オ}}^{オ} ÷ 5 = \boxed{\phantom{カ}}^{カ}$（個）

答え $\boxed{\phantom{カ}}^{カ}$ 個

（1）10個のみかんを5人で分けるので、「10 ÷ 5 ＝ 2」です。

答え　⑦ **5**　④ **2**

（2）5個のみかんを5人で分けるので、「5 ÷ 5 ＝ 1」です。

答え　⑦ **5**　⑤ **1**

（3）箱にみかんが入っていないので（みかんが0個なので）、5人で分けても、1人分は0個です（だれも1個ももらえない）。式に表すと、「0 ÷ 5 ＝ 0」となります。

答え　⑦ **0**　⑤ **0**

**例題**　（2）から、「ある数を同じ数で割ると、答えは1になる」ことがわかります（「5 ÷ 5」以外でも、同じ数どうしの割り算なら成り立ちます）。

また、（3）から、「0 ÷ 数 ＝ 0」であることも明らかになりました（「0 ÷ 5 ＝ 0」の「5」を他の数（0は除く）に変えても成り立ちます）。

**教えるときのポイント！**

**数を1で割るとどうなる？**

まずは、次の問題を見てください。

**[例]** 10個のみかんがあり、1人に1個ずつ分けると、何人に分けられますか。

**解きかた** 10個のみかんを、1人に1個ずつ分けると10人に分けられます。これを式に表す

と、次のようになります。

10 ÷ 1 ＝ 10

答え　**10人**

これにより、「ある数を1で割ると、答えは同じ数になる」ことがわかります（「10 ÷ 1 ＝ 10」の「10」を他の数に変えても成り立ちます）。

## 2 0や1の割り算の練習

**問題**

次の計算をしましょう。

（1）0 ÷ 7 ＝　　　　（2）3 ÷ 3 ＝　　　　（3）3 ÷ 1 ＝

（4）8 ÷ 8 ＝　　　　（5）0 ÷ 1 ＝　　　　（6）1 ÷ 1 ＝

**解答**

（1）「0 ÷ 数 ＝ 0」なので、答えは0です。

答え　**0**

（2）「ある数を同じ数で割ると、答えは1になる」ので、答えは1です。

答え　**1**

（3）「ある数を1で割ると、答えは同じ数になる」ので、答えは3です。

答え　**3**

（4）「ある数を同じ数で割ると、答えは1になる」ので、答えは1です。

答え　**1**

（5）「0 ÷ 数 ＝ 0」なので、答えは0です。

答え　**0**

（6）「ある数を1で割ると、答えは同じ数になる」ので、答えは1です。

答え　**1**

# 3 あまりのある割り算

ここが
大切！　あまりのある割り算は、4ステップで計算できる！

## 1 あまりのある割り算

**例題** 17個のおかしがあります。1人に3個ずつ分けると、何人に分けられて、何個あまりますか。

**解答** 次のように、17個を、3個ずつ分けた図をかいて考えましょう。

3個ずつ

2個あまる

5人

**答え 5人に分けられて、2個あまる。**

---

17個のおかしを、1人に3個ずつ分けると、5人に分けられて2個あまります。これを式に表すと、次のようになります。

$$17 \div 3 = 5 \quad \text{あまり} \quad 2$$

　↑　　　　↑　　　↑　　　　　↑
割られる数　割る数　商　　　あまり

このとき、17を「割られる数」、3を「割る数」、5を「商」、2を「あまり」といいます。

例えば、「15÷3＝5」のように、**あまりがないとき**は「割り切れる」といいます。
一方、「17÷3＝5あまり2」のように、**あまりがあるとき**は「割り切れない」といいます。

## 2 あまりのある割り算の計算法

「17÷3＝」の計算を、左ページの 例題 のように、ひとつひとつ図をかいて考えると時間がかかります。そこで、あまりのある割り算は、次のように計算しましょう。

### 教えるときのポイント！

**あまりのある割り算を4ステップで計算しよう**

例題 の「17÷3＝」を例に考えます。

**ステップ1** 「17÷3＝□あまり☆」と考える（□が商で、☆があまり）。

**ステップ2** 割る数の3の段（九九）で、割られる数の17より小さくて、17に一番近い数を探す。

**ステップ3** ステップ2 の数を探すと、3×5（＝15）が見つかる。この5が商（□）である。

**ステップ4** 割られる数の17から、（3×5＝）15を引くと2。この2があまり（☆）なので、「17÷3＝5あまり2」。

答え **5あまり2**

### 問題

次の計算をしましょう。

（1）34÷5＝            （2）78÷9＝

 **解答**    4ステップで計算しましょう。

（1）**ステップ1** 「34÷5＝□あまり☆」と考える（□が商で、☆があまり）。

**ステップ2** 割る数の5の段（九九）で、割られる数の34より小さくて、34に一番近い数を探す。

**ステップ3** ステップ2 の数を探すと、5×6（＝30）が見つかる。この6が商（□）である。

**ステップ4** 割られる数の34から、（5×6＝）30を引くと4。この4があまり（☆）なので、「34÷5＝6あまり4」。

答え **6あまり4**

（2）**ステップ1** 「78÷9＝□あまり☆」と考える（□が商で、☆があまり）。

**ステップ2** 割る数の9の段（九九）で、割られる数の78より小さくて、78に一番近い数を探す。

**ステップ3** ステップ2 の数を探すと、9×8（＝72）が見つかる。この8が商（□）である。

**ステップ4** 割られる数の78から、（9×8＝）72を引くと6。この6があまり（☆）なので、「78÷9＝8あまり6」。

答え **8あまり6**

あまりは、割る数より必ず小さい数になります。例えば、問題（1）の「34÷5＝6あまり4」では、あまり（4）が割る数（5）より小さい数になっています。

一方、例えば、「34÷5＝5あまり9」のように計算してしまった場合、あまり（9）が割る数（5）より大きい数になっているので間違いだとわかります。

※「あまりのある割り算」の練習をしたいときは、74ページに進んでください。

# 4 割り算の文章題

ここが大切！ あまりのある割り算の文章題では、商をそのまま答えにすると間違うことがあるので注意！

割り算の文章題を解いていきましょう。

 問題1

63枚のカードを、1人に9枚ずつ分けます。何人に分けられますか。

解答　答えを□として考えましょう。

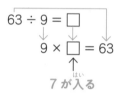

$$63 \div 9 = \square$$
$$9 \times \square = 63$$
7 が入る

答え **7人**

 問題2

25本の鉛筆を、6人に同じ本数ずつ分けます。1人何本ずつ分けられて、何本あまりますか。

解答　71ページの 教えるときのポイント！ の4ステップで、「25 ÷ 6」を解きましょう。

ステップ1　「25 ÷ 6 ＝□あまり☆」と考える（□が商で、☆があまり）。
ステップ2　割る数の6の段（九九）で、割られる数の25より小さくて、25に一番近い数を探す。
ステップ3　ステップ2の数を探すと、6 × 4（＝ 24）が見つかる。この4が商（□）である。
ステップ4　割られる数の25から、（6 × 4 ＝）24を引くと1。この1があまり（☆）なので、「25 ÷ 6 ＝ 4あまり1」。

答え　**4本ずつ分けられて、1本あまる。**

**教えるときのポイント！**

## あまりのある割り算の、商とあまりが正しいかどうかを確かめる方法とは？

問題2で「25÷6＝4あまり1」と計算しました。この「4あまり1」が正しいかどうかを確かめる方法があります。

まず、問題2を図に表すと、次のようになります。

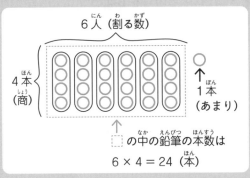

上の図で、青い点線で囲った部分には、割る数（6人）と商（4本）をかけた、（6×4＝）24本の鉛筆があります。その24本に、あまり（1本）をたして、全部で（24＋1＝）25本（割られる数）あるとわかります。

つまり、割る数（6人）と商（4本）をかけて、それにあまり（1本）をたした数が、割られる数（25本）になったので、「4あまり1」という答えは正しいということです。

$$25 \div 6 = 4 \text{あまり} 1$$
$$6 \times 4 \quad + \quad 1 = 25$$

この数が同じになれば、「4あまり1」は正しい

一方、例えば「25÷6＝4あまり3」と計算した場合は、次のような結果になり、「4あまり3」が間違いであるとわかります。

$$25 \div 6 = 4 \text{あまり} 3$$
$$6 \times 4 \quad + \quad 3 = 27$$

この数が違うので、「4あまり3」は間違い

あまりのある割り算の計算結果に自信がないときは、この方法で確かめるようにしましょう。

 **問題3**

あめが60個あります。1つの箱に7個ずつ入れます。すべてのあめを入れるには、何箱いりますか。

**解答** 71ページの 教えるときのポイント！ の4ステップで、「60÷7」を解きましょう。

**ステップ1** 「60÷7＝□あまり☆」と考える（□が商で、☆があまり）。
**ステップ2** 割る数の7の段（九九）で、割られる数の60より小さくて、60に一番近い数を探す。
**ステップ3** ステップ2の数を探すと、7×8（＝56）が見つかる。この8が商（□）である。
**ステップ4** 割られる数の60から、（7×8＝）56を引くと4。この4があまり（☆）なので、「60÷7＝8あまり4」。

※ここで、答えを「8箱」にしないよう注意しましょう。「8あまり4」の意味は、「8箱に入ったが、あめが4個あまる」ことを表します。そのため、「あまった4個のあめ」を、さらに1つの箱に入れる必要があります。だから、答えは、（8＋1＝）9箱です。

答え **9箱**

 第6章 割り算

# 5 あまりのある割り算の練習

**ここが大切！** あまりのある割り算で自信がないときは、「確かめ」をしよう！

第6章の最後に、「あまりのある割り算」の練習をして、計算力を伸ばしましょう。

**例題** 次の計算をしましょう。そして、商とあまりが正しいかどうかを確かめましょう。

$50 \div 8 =$

**解答** この項目では、スペースの都合上、**ステップ1**〜**ステップ4**を使った解説を省略します。

答え **6 あまり 2**

**答えの確かめ**

73ページの **教えるときのポイント！** の方法を使って、「6 あまり 2」が正しいかどうかを確かめましょう。

$$\boxed{50} \div 8 = 6 \text{ あまり } 2$$
$$8 \times 6 + 2 = \boxed{50}$$

この数が同じなので「6 あまり 2」は正しい

次からの 📋 問題 も「商とあまり」を求めるだけでなく、それが正しいかどうかの確かめも行いましょう。

📋 **問題**

次の計算をしましょう。そして、商とあまりが正しいかどうかを確かめましょう。

（1） $28 \div 3 =$　　（2） $35 \div 4 =$　　（3） $11 \div 2 =$　　（4） $59 \div 6 =$

（5） $43 \div 8 =$　　（6） $47 \div 5 =$　　（7） $80 \div 9 =$　　（8） $26 \div 7 =$

（9） $7 \div 4 =$　　（10） $32 \div 5 =$　　（11） $8 \div 3 =$　　（12） $68 \div 9 =$

（13） $40 \div 6 =$　　（14） $79 \div 8 =$　　（15） $55 \div 7 =$

解答

（1）　　　　　　答え　**9あまり1**

答えの確かめ

$28 \div 3 = 9$ あまり $1$

　　　　$3 \times 9 + 1 = 28$

「9あまり1」は正しい

（2）　　　　　　答え　**8あまり3**

答えの確かめ

$35 \div 4 = 8$ あまり $3$

　　　　$4 \times 8 + 3 = 35$

「8あまり3」は正しい

（3）　　　　　　答え　**5あまり1**

答えの確かめ

$11 \div 2 = 5$ あまり $1$

　　　　$2 \times 5 + 1 = 11$

「5あまり1」は正しい

（4）　　　　　　答え　**9あまり5**

答えの確かめ

$59 \div 6 = 9$ あまり $5$

　　　　$6 \times 9 + 5 = 59$

「9あまり5」は正しい

（5）　　　　　　答え　**5あまり3**

答えの確かめ

$43 \div 8 = 5$ あまり $3$

　　　　$8 \times 5 + 3 = 43$

「5あまり3」は正しい

（6）　　　　　　答え　**9あまり2**

答えの確かめ

$47 \div 5 = 9$ あまり $2$

　　　　$5 \times 9 + 2 = 47$

「9あまり2」は正しい

（7）　　　　　　答え　**8あまり8**

答えの確かめ

$80 \div 9 = 8$ あまり $8$

　　　　$9 \times 8 + 8 = 80$

「8あまり8」は正しい

（8）　　　　　　答え　**3あまり5**

答えの確かめ

$26 \div 7 = 3$ あまり $5$

　　　　$7 \times 3 + 5 = 26$

「3あまり5」は正しい

（9）　　　　　　答え　**1あまり3**

答えの確かめ

$7 \div 4 = 1$ あまり $3$

　　　　$4 \times 1 + 3 = 7$

「1あまり3」は正しい

（10）　　　　　答え　**6あまり2**

答えの確かめ

$32 \div 5 = 6$ あまり $2$

　　　　$5 \times 6 + 2 = 32$

「6あまり2」は正しい

（11）　　　　　答え　**2あまり2**

答えの確かめ

$8 : 3 = 2$ あまり $2$

　　　　$3 \times 2 + 2 = 8$

「2あまり2」は正しい

（12）　　　　　答え　**7あまり5**

答えの確かめ

$68 \div 9 = 7$ あまり $5$

　　　　$9 \times 7 + 5 = 68$

「7あまり5」は正しい

（13）　　　　　答え　**6あまり4**

答えの確かめ

$40 \div 6 = 6$ あまり $4$

　　　　$6 \times 6 + 4 = 40$

「6あまり4」は正しい

（14）　　　　　答え　**9あまり7**

答えの確かめ

$79 \div 8 = 9$ あまり $7$

　　　　$8 \times 9 + 7 = 79$

「9あまり7」は正しい

（15）　　　　　答え　**7あまり6**

答えの確かめ

$55 \div 7 = 7$ あまり $6$

　　　　$7 \times 7 + 6 = 55$

「7あまり6」は正しい

第6章
割り算

**教えるときのポイント！**

**学校のテストなどでは、こうやって見直そう！**

この項目の　問題　では、練習のために、すべての割り算で「確かめ」をしてもらいました。
一方、学校のテストなどで、すべての問題で「確かめ」をしていたら、時間がなくなってしまうおそれがあります。

そこでテストなどでは、後で「確かめ」をしたい問題にあらかじめ、○（丸）などの印をつけておき、見直しのときに印をつけた問題だけ「確かめ」をするようにしましょう。それによって、スムーズな見直しをすることができます。

# 1 たし算と引き算

 ここが大切！　□を使った式の問題は、線分図をかいて解こう！

□を使った式の問題は、次の2ステップで解くことができます。

**ステップ1** 求めたい数を□として、式をつくる
**ステップ2** 線分図をかいて、□にあてはまる数を計算する

📋 **問題1**

はじめ、運動場に19人の生徒がいました。その後、何人かの生徒が加わったので、全員で56人になりました。何人の生徒が加わりましたか。□を使った式をつくって求めましょう。

🖱 **解答**　　2ステップで解きましょう。

**ステップ1** 求めたい数を□として、式をつくる
加わった人数を□人とすると、次のように式をつくれます。

19 +□= 56

**ステップ2** 線分図をかいて、
□にあてはまる数を計算する
線分図をかくと、右のようになります。

線分図から「加わった人数（□人）＝加わった後の全員の人数（56人）－はじめの人数（19人）」だとわかるので、
□= 56 − 19 = 37（人）

答え　**37人**

 **教えるときのポイント！**

なぜ、□を使って求めるのか？

📋**問題1**は、「□を使わなくても、56 − 19 = 37（人）とすぐに答えが求められるのではないか？」と思われる方もいるかもしれません。確かにその通りなのですが、この単元には別の意図があります。

「求めたい数を□として、式をつくる」という方法は、中学で習う方程式の考えかたにつながります。そのため、「□を使った式」では、単にテクニックを学ぶというより、数学の「考えかた」を学ぶ、という意味合いが強いのです。

問題2

はじめ、バスに46人乗っていました。その後、バス停で何人か降りたので、バスに乗っている人は38人になりました。バス停で何人が降りましたか。□を使った式をつくって求めましょう。

 解答　　2ステップで解きましょう。

ステップ1　求めたい数を□として、式をつくる
降りた人数を□人とすると、次のように式をつくれます。

46 −□= 38

ステップ2　線分図をかいて、□にあてはまる数を計算する
線分図をかくと、右のようになります。

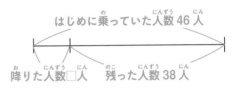

線分図から「降りた人数（□人）＝はじめに乗っていた人数（46人）−残った人数（38人）」だとわかるので、
□= 46 − 38 = 8（人）

答え　　**8人**

 問題3

はじめ、兄はいくつかのおはじきを持っていました。弟に53個あげたので、兄の持っているおはじきは39個になりました。はじめ、兄は何個のおはじきを持っていましたか。□を使った式をつくって求めましょう。

 解答　　2ステップで解きましょう。

ステップ1　求めたい数を□として、式をつくる
はじめに兄が持っていた個数を□個とすると、次のように式をつくれます。

□− 53 = 39

ステップ2　線分図をかいて、
　　　　　　□にあてはまる数を計算する
線分図をかくと、右のようになります。

線分図から「はじめに兄が持っていた個数（□個)＝弟にあげた個数（53個)＋残った個数（39個)」だとわかるので、
□= 53 + 39 = 92（個）

答え　　**92個**

# 2 かけ算と割り算

<br />

ここが大切！　□を使ったかけ算や割り算の問題も、2 ステップで解こう！

□を使った式の問題は、次の 2 ステップで解くことができます。

**ステップ1**　求めたい数を□として、式をつくる
**ステップ2**　線分図をかいて、□にあてはまる数を計算する

## 問題1

1 個 6 円のおはじきを、何個か買ったら、代金は48円でした。何個のおはじきを買いましたか。□を使った式をつくって求めましょう。

**解答**　2 ステップで解きましょう。

**ステップ1**　求めたい数を□として、式をつくる
買ったおはじきの個数を□個とすると、次のように式をつくれます。

$6 \times \square = 48$

**ステップ2**　線分図をかいて、
　　　　　　　□にあてはまる数を計算する
線分図をかくと、右のようになります。

おはじき1個の
値段6円

代金 48 円

線分図から「買ったおはじきの個数（□個）＝代金（48円）÷おはじき1個の値段（6円）」だとわかるので、
$\square = 48 \div 6 = 8$（個）

答え　**8個**

## 教えるときのポイント！

### 「□を使った式」は小学校でさらに学ぶ！

ひとつ前の項目の　教えるときのポイント！　で、次のように述べました。
―― 「□を使った式」では、単にテクニックを学ぶというより、数学の「考えかた」を学ぶ、という意味合いが強い――
3 年生で「□を使った式」を学び、その後も、4 年生で「□や△などを使った式」を学びます。
さらに、それを発展させた内容として、6 年生で「文字を使った式」を学習します。
このように、中学数学の方程式の単元にスムーズに入っていくために、スモールステップで学べるような構成になっています。

**問題2**

45人を、同じ人数ずつグループに分けると、9つのグループができました。何人ずつの
グループに分けましたか。□を使った式をつくって求めましょう。

 **解答** 2ステップで解きましょう。

**ステップ1** 求めたい数を□として、式をつくる
**1つのグループの人数を□人とすると、次のように式をつくれます。**

45÷□＝9

**ステップ2** 線分図をかいて、
□にあてはまる数を計算する
線分図をかくと、右のようになります。

線分図から「1つのグループの人数（□人）＝すべての人数（45人）÷グループの数（9つ）」だとわかるので、
□＝45÷9＝5（人）

答え　**5人(ずつ)**

 **問題3**

いくつかのあめがあり、1つのふくろに3個ずつ入れていくと、ちょうど7つのふくろが
できました。あめは全部で何個ありますか。□を使った式をつくって求めましょう。

 **解答** 2ステップで解きましょう。

**ステップ1** 求めたい数を□として、式をつくる
**あめの全部の個数を□個とすると、次のように式をつくれます。**

□÷3＝7

**ステップ2** 線分図をかいて、
□にあてはまる数を計算する
線分図をかくと、右のようになります。

線分図から「あめの全部の個数（□個）＝1つのふくろに入れたあめの個数（3個）×ふくろの数（7つ）」だと
わかるので、□＝3×7＝21（個）

答え　**21個**

# 1 何時・何時半

> **ここが大切！** 時計の「〜時」と「〜時半」を読みとれるようになろう！

時計には、長い針と短い針があります。

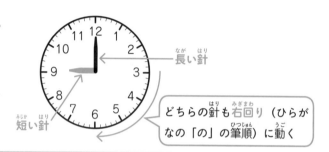

長い針

短い針

どちらの針も右回り（ひらがなの「の」の筆順）に動く

「〜時」と「〜時半」は、次の方法で見分けましょう。

---

**〜時**

・長い針が12をさしているとき

・短い針のさしている数字が、「〜時」になります。

**【例】** 右の時計を読みましょう。

長い針が12をさしていて、短い針が2をさしているので、「2時」です。

---

**〜時半**

・長い針が6をさしているとき

・短い針が、〇と△の間（〇と△は数字）をさしているとき、「〇時半」になります（〇に1をたした数が△です。下の※を参照）。

**【例】** 右の時計を読みましょう。

長い針が6をさしていて、短い針が7と8の間をさしているので、「7時半」です。

「半」のことを「30分」とも言います。そのため、「7時30分」でも正解です。

※短い針が、〇と△の間をさしているとき、「〇時〜分」です（〇＋1＝△の場合）。例えば、11と12の間をさしていれば「11時〜分」です。ただし、12と1の間をさしているときは「12時〜分」なので、注意しましょう（12と1の間のときだけ例外です）。

---

問題

次の時計を読みましょう。

（1）　　　　　　　　（2）　　　　　　　　（3）　　　　　　　　（4）

 解答

（1）長い針が 12 をさしていて、短い針が 4 をさしているので、「4時」です。

答え　**4時**

（2）長い針が 6 をさしていて、短い針が 9 と 10 の間をさしているので、「9時半」です。

答え　**9時半（または9時30分）**

（3）長い針が 12 をさしていて、短い針が 6 をさしているので、「6時」です。

答え　**6時**

（4）長い針が 6 をさしていて、短い針が 6 と 7 の間をさしているので、「6時半」です。

答え　**6時半（または6時30分）**

🕊 **教えるときのポイント！**

**「長い針、短い針」と「長針、短針」のどっちを使えばいい？**

算数の教科書には、「長針、短針」という用語は出てこず、「長い針、短い針」という言葉を使って解説されています（本書も、それにならっています）。

ただし、長針、短針という用語は、いずれ必ず学ぶ熟語です。そのため、長針、短針という用語をお子さんが理解できそうなら、それらの言葉を使って説明しても問題ないと考えます。また、中学受験の予定がある方は、「時計算」という特殊算で、長針、短針という用語を使うので、低学年のうちから知っておいてもよいでしょう。

# 2 時計の読みとりかた

**ここが大切！** 「何時何分か」を 3 ステップで読みとろう！

短い針が「〜時」、長い針が「〜分」をそれぞれ表します。
時計は、次の 3 ステップで読みとりましょう。

**ステップ 1** 短い針を見て、何時かを読みとる

**ステップ 2** 長い針を見て、何分かを読みとる

**ステップ 3** **ステップ 1** と **ステップ 2** から「何時何分か」がわかる

長い針が「〜分」を表す

短い針が「〜時」を表す

---

**例題** 右の時計は、何時何分をさしていますか。

**解答** 3 ステップで、何時何分かを読みとりましょう。

**ステップ 1** 短い針を見て、何時かを読みとる

短い針が、○と△の間（○の数字に 1 をたしたものが△になる場合）をさしているとき、「○時」です（次のページの※を参照）。

**例題** では、短い針が、2 と 3 の間をさしているので、「2 時」です（短い針が 3 に近いからといって、「3 時」とするのは、この場合、間違いなので注意しましょう）。

**ステップ 2** 長い針を見て、何分かを読みとる

長い針で何分かを読みとるときは、右のように、時計の外側のまわりに書いた青い数字（5、10、15、20、25、30、35、40、45、50、55）を参考にしましょう（5 分ずつ増えていくことをおさえましょう）。

**例題** では、長い針が 45 と 50 の間にあり、45 から 2 めもり（右に回ったところ）をさしているので、（45＋2＝）「47 分」とわかります。

**ステップ3** **ステップ1** と **ステップ2** から「何時何分か」がわかる

**ステップ1** から「2時」、**ステップ2** から「47分」とわかったので、答えは「2時47分」です。

※短い針が、〇と△の間をさしているとき、「〇時〜分」です（〇＋1＝△の場合）。例えば、11と12の間をさしていれば「11時〜分」です。ただし、12と1の間をさしているときは「12時〜分」なので、注意しましょう（12と1の間のときだけ例外です）。

答え **2時47分**

 **教えるときのポイント！**

**長い針が「何分か」をスムーズに読みとろう！**

長い針が「何分か」を読みとるのに苦戦する生徒が多いようです。短い針（〜時）は、時計の文字盤の1〜12の数字をそのまま参考にできますが、長い針（〜分）はそうはいかないからです。例えば、文字盤の「1」は5分、「2」は10分、「3」は15分、…をそれぞれ表します。九九は2年生の範囲ですが、すでに九九の5の段（と「5×10＝50」「5×11＝55」の計算）ができる場合は、5と「文字盤の数字」をかければ、何分かわかります。例えば、文字盤の7は、（5×7＝）35分を表します。九九を覚えていない場合は「5、10、15、20、25、30、35、40、45、50、55」を数え歌のように、スムーズに言えるまで暗唱しましょう。

 **問題**

右の時計は、何時何分をさしていますか。

 **解答**    3ステップで、何時何分かを読みとりましょう。

**ステップ1** 短い針を見て、何時かを読みとる
短い針が、〇と△の間（数字の〇に1をたしたのが△）をさしているとき、「〇時」です。

　　**問題** では、短い針が、6と7の間をさしているので、「6時」です。

**ステップ2** 長い針を見て、何分かを読みとる
長い針で何分かを読みとるときは、右のように、時計の外側のまわりに書いた青い数字（5、10、15、20、25、30、35、40、45、50、55）を参考にしましょう。

　　**問題** では、長い針が20と25の間にあり、20から3めもり（右に回ったところ）をさしているので、（20＋3＝）「23分」とわかります。

**ステップ3** **ステップ1** と **ステップ2** から「何時何分か」がわかる
**ステップ1** から「6時」、**ステップ2** から「23分」とわかったので、答えは「6時23分」です。

答え **6時23分**

第**8**章 時刻と時間

# 3 時刻と時間

> **ここが大切！** 時刻と時間の違いを言えるようになろう！

**【例1】** よしこさんは、10時に家を出て、10時25分に公園に着きました。

このとき、「10時」と「10時25分」は時刻です。一方、家を出てから公園に着くまでの時間は「25分」です。25分のことを、25分間ということもあります。

時刻
10時

25分（間）
時間

時刻
10時25分

> 🕊 **教えるときのポイント！**
>
> **時刻と時間の違いをどのように教えればいい？**
>
> 時刻の意味は、「時の流れのなかの、ある一点」です（ただし、日常では、「時間」もこの意味で使われることがあります）。
> 一方、時間の意味は、「ある時刻と別の時刻の間の長さ」です。
> 時刻と時間の意味の違いを説明するとき、上記の意味をお子さんにそのまま教えても、理解してもらうのが難しいかもしれません。
>
> そこで、初めのうちは、次のように区別して教えると伝わりやすいでしょう。
>
> ・ 時刻 …「〜時」、「〜時〜分」などのように表される（例えば、10時や10時25分）。
> ・ 時間 …「〜分（間）」、「〜時間」、「〜時間〜分」などのように表される（例えば、25分間、3時間、1時間55分）。

**【例2】** ある1日のけんたくんの行動を、次のように表しました。

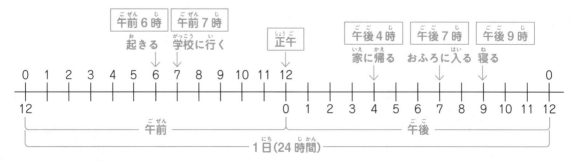

午前6時
起きる

午前7時
学校に行く

正午

午後4時
家に帰る

午後7時
おふろに入る

午後9時
寝る

午前　　　　　　　　午後

1日（24時間）

このように、1日は、午前と午後に分けられます。午前は12時間、午後は12時間あります。
だから、1日は、（12＋12＝）24時間です。
また、**午前12時（＝午後0時）のことを、正午といいます。**
この日の、けんたくんの行動について、次の問題1を解きましょう。

**問題1**

左ページの**【例2】**について、次の問いに答えましょう。
（1）けんたくんが家に帰った時刻は、何時ですか。「午前〜時」または「午後〜時」という
　　ように答えましょう。
（2）次の □ に「時刻」か「時間」のどちらかを入れましょう。
　　①けんたくんがおふろに入った □ は、午後7時です。
　　②けんたくんが学校に行ってから、家に帰るまでの □ は、9時間です。

解答　（1）**【例2】**から、けんたくんが家に帰った時刻は、午後4時です。　　答え　**午後4時**
　　（2）※左ページの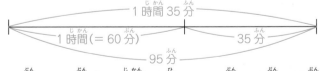参照。
　　　①「〜時」という表しかたなので、時刻です。
　　　②「〜時間」という表しかたなので、時間です。　　答え　**①時刻　②時間**

--------------------------------------------------------------------

**長い針が時計を1まわりする時間が、1時間です。⇒　1時間＝60分**
**短い針が時計を1まわりする時間が、12時間です。**短い針は、1日（＝24時間）に2回
まわります（12時間＋12時間＝24時間）。

**問題2**

次の □ にあてはまる数を答えましょう。
（1）1時間35分＝ □ 分　　　　　　（2）70分＝ □ 時間 □ 分

解答　（1）「1時間＝60分」なので、1時間35分＝60分＋35分＝95分です。

　　　　　　答え　**95**

　　（2）70分から60分（＝1時間）を引くと、70分－60分＝10分です。
　　　　70分から、1時間を引いて10分残ったということなので、「70分＝1時間10分」です。

　　　　　　答え　**1（時間）10（分）**

# 4 時刻と時間の文章題

ここが
大切！　**時刻や時間のさまざまな文章題を解けるようになろう！**

時刻や時間を求める文章題を解いていきましょう。

## 📋 問題 1

午後3時40分に学校を出て、35分後に家に着きました。家に着いた時刻は、午後何時何分ですか。

🥚 **解答**　右のように、
筆算をして解きましょう。

$$3時40分$$
$$+　　35分$$

3時に　3時 75分
1時間をたす　4　15　75分から
60分を引く

40分と35分をたすと（40 ＋ 35 ＝）75分となり、60分（＝1時間）を超えます。75 － 60 ＝ 15なので、「75分＝1時間15分」です。
「1時間15分」の1時間を、3時にたすと、（3 ＋ 1 ＝）4時となり、
答えが「午後4時15分」と求められます。

答え　**午後4時15分**

## 📋 問題 2

散歩を始めた時刻が午前9時37分で、散歩を終えた時刻は午前11時6分でした。散歩をしていた時間は、何時間何分ですか。

 **解答**　右のように、
筆算をして解きましょう。

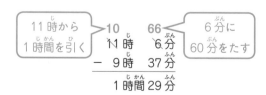

11時から　10　66
1時間を引く　11時　6分　6分に
　　　　　　－　9時　37分　60分をたす
　　　　　　　1時間 29分

6分から37分は引けません。そのため、11時から1時間（＝60分）をかりて、6分にたします。（6＋60＝）66分なので、66分から37分を引くと（66－37＝）**29分**となります。

11時は1時間かしたので、（11－1＝）10時となります。10時から9時を引いて、
（10－9＝）1時間となり、答えが「1時間29分」と求められます。

答え **1時間29分**

## 問題3

読書を始めてから、読書を終えるまでに1時間25分かかりました。読書を終えた時刻が午後5時11分のとき、読書を始めた時刻は、午後何時何分ですか。

### 解答

読書をするのに1時間25分かかったので、午後5時11分から1時間25分を引けば、読書を始めた時刻が求められます。次のように、筆算をして解きましょう。

| 5時から 1時間を引く → | 4 | 71 | ← 11分に 60分をたす |
|---|---|---|---|
| | 5時 | 11分 | |
| － | 1時間 | 25分 | |
| | 3時 | 46分 | |

11分から25分は引けません。そのため、5時から1時間（＝60分）をかりて、11分にたします。（11＋60＝）71分なので、71分から25分を引くと（71－25＝）**46分**となります。

5時は1時間かしたので、（5－1＝）4時となります。4時から1時間を引いて、
（4－1＝）3時となり、答えが「午後3時46分」と求められます。

答え **午後3時46分**

## 問題4

山を登った時間が49分で、休けいした時間が35分でした。合わせて何時間何分ですか。

### 解答

49分＋35分＝84分
84分から60分（＝1時間）を引くと
84分－60分＝**24分**なので、「1時間24分」と求められます。

答え **1時間24分**

### 教えるときのポイント！

**時間についての問題は、答えかたに注意しよう！**

問題4で、「84分」を答えにしてしまうケースがありますが、それではバツかサンカクになるので気をつけましょう。

問題文で「何時間何分ですか」と聞かれているので、「1時間24分」と答えるのが正解です。

# 5 12時制と24時制、秒

12時制と24時制を混同することなく、読みとれるようになろう！

ここまで習った時刻は、「午前」か「午後」をつけて表してきました。このように、午前（12時間）か午後（12時間）をつけて、時刻を表す方法を、12時制（または12時間制）といいます。

一方、午前や午後をつけずに、真夜中の0時から何時間たったかをもとに時刻を表す方法を、24時制（または24時間制）といいます。

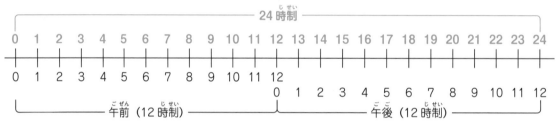

**[例]** 午後5時を24時制で表しましょう。

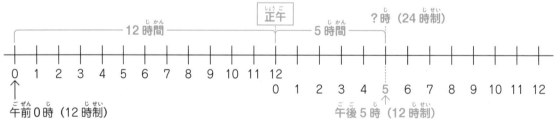

午前の12時間に、正午からの5時間をたせば24時制の時刻が求められます。だから、午後5時を24時制で表すと、（12＋5＝）17時です。

12時制と24時制の変換についてまとめると、次のようになります。

---

**12時制から24時制への直しかた**

・午前の時刻（12時制）を24時制に直すには、「午前」をとればよいです。
　**[例]** 午前5時（12時制） → 5時（24時制）

・午後の時刻（12時制）を24時制に直すには、「午後」をとって12をたせばよいです。
　**[例]** 午後5時（12時制） → 17時（24時制）

---

## 24 時制から 12 時制への直しかた

・午前の時刻（24時制）を12時制に直すには、「午前」をつければよいです。
　　**[例]** 10時（24時制）　→　午前10時（12時制）

・午後の時刻（24時制）を12時制に直すには、「午後」をつけて12を引けばよいです。
　　**[例]** 22時（24時制）　→　午後10時（12時制）

 **問題1**

次の時刻（12時制）を24時制で表しましょう。

（1）午前11時36分　　　　　　　　　（2）午後8時55分

**解答**　　（1）「午前」をとればよいので、「11時36分」。

答え **11時36分**

　　　　　（2）「午後」をとって12をたせばよいです。8 + 12 = 20 なので、「20時55分」。

答え **20時55分**

 **問題2**

次の時刻（24時制）を12時制で表しましょう。

（1）1時57分　　　　　　　　　　（2）14時1分

**解答**　　（1）「午前」をつければよいので、「午前1時57分」。

答え **午前1時57分**

　　　　　（2）「午後」をつけて12を引けばよいです。14 − 12 = 2 なので、「午後2時1分」。

答え **午後2時1分**

※「12時制と24時制」について、載っていない教科書もあるので、この項目の学習レベルに「発展」をつけました。

 **教えるときのポイント！**

### 時間の単位「秒」について学ぼう！

第8章の最後に、「秒」についての問題を解きましょう。1分より短い単位を「～秒」と表します。「1分 = 60秒」です。次の問題を見てください。

**[例]** 次の □ にあてはまる数を答えましょう。
（1）1分12秒 = □秒
（2）103秒 = □分□秒

**解きかた**

（1）「1分 = 60秒」なので、1分12秒 = 60秒 + 12秒 = 72秒です。

答え **72**

（2）103秒から60秒（= 1分）を引くと、103秒 − 60秒 = 43秒です。
103秒から、1分を引いて43秒残ったということなので、「103秒 = 1分43秒」です。

答え **1(分)43(秒)**

第**8**章

時刻と時間

# 1 長さの単位(mm、cm、m)

> **ここが大切!** 「1cm＝10mm」と「1m＝100cm」の関係をおさえよう!

## 1 cmとmm

1cm（読みかたは、**1センチメートル**）がいくつ分
あるかで、長さを表すことができます。

「1cm」の書きかた

**例題** 次の鉛筆の長さは何cmですか。

ただし、このものさしの1めもりは1cmとします。

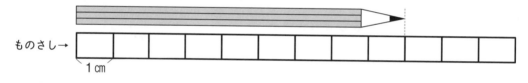

ものさし→

1cm

**解答** 鉛筆の長さは、1cmの9個分なので、9cmです。

答え **9cm**

1mm（読みかたは、**1ミリメートル**）は、**1cmを、同じ長さに10個に分けた1つ分の長さです。** 1cm＝10mmです。

1cm 1mm

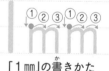

「1mm」の書きかた

**問題1**

次の □ にあてはまる数を答えましょう。

（1） 6cm＝ □ mm

（2） 20mm＝ □ cm

**解答** （1）1cm＝10mmなので、6cm＝60mmです。

答え **60**

（2）10mm＝1cmなので、20mm＝2cmです。

答え **2**

まっすぐな線を、直線といいます。例えば、次の直線（まっすぐな黒い線）の長さは、8cm9mmです。また、8cm＝80mmなので、この直線の長さを（80＋9＝）89mmと表すこともできます。つまり、8cm9mm＝89mmということです。

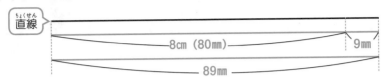

直線

8cm（80mm）　9mm

89mm

問題2

次の □ にあてはまる数を答えましょう。

（1）　5cm8mm＝ □ mm

（2）　71mm＝ □ cm □ mm

解答

（1）　1cm＝10mmなので、5cm＝50mmです。50mmと8mmをたして、
（50＋8＝）58mmです。

答え　58

（2）　「71mm＝70mm＋1mm」です。10mm＝1cmなので、70mm＝7cmです。
だから、71mm＝7cm1mmです。

答え　7（cm）1（mm）

## 2　mとcm

1m（読みかたは、1メートル）は、100cmの長さです。

「1m」の書きかた

教えるときのポイント！

### mm、cm、mのさまざまな問題を解けるようになろう！

次のような問題も、順を追って考えると解けるようになるので、練習しましょう。

【例】次の □ にあてはまる数を答えましょう。

（1）　4m25cm＝ □ cm

（2）　202cm＝ □ m □ cm

（3）　4cm1mm＋3cm5mm＝ □ cm □ mm

（4）　1m50cm－90cm＝ □ cm

解きかた

（1）　1m＝100cmなので、4m＝400cmです。
400cmと25cmをたして、
（400＋25＝）425cmです。

答え　425

（2）　「202cm＝200cm＋2cm」です。100cm＝
1mなので、200cm＝2mです。だから、
202cm＝2m2cmです。

答え　2（m）2（cm）

（3）　4cmと3cmをたすと、（4＋3＝）7cmに
なります。1mmと5mmをたすと、（1＋5＝）
6mmになります。だから、答えは7cm6mm
です。このように、同じ単位どうしをたし
引きすることがポイントです。

答え　7（cm）6（mm）

（4）　50cmから90cmは引けません。1m＝100cm
なので、1m50cm＝（100＋50）cm＝150
cmです。150cmから90cmを引いて、答えは、
（150－90＝）60cmです。

答え　60

# 2 長さの単位（距離と道のり、km）

## 1 距離と道のり

**例題1** 右の図について、次の問いに答えましょう。

（1）学校から公園までの距離は何ｍですか。
（2）学校から公園までの道のりは何ｍですか。

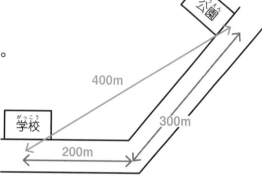

400m

300m

学校

200m

公園

**解答**

（1）**まっすぐにはかった長さ**を、**距離**といいます。図を見ると、学校から公園までを、まっすぐにはかった長さ（青い線の長さ）は、400ｍです。

答え **400m**

（2）**道にそってはかった長さ**を、**道のり**といいます。図を見ると、学校から公園までの道にそってはかった長さ（グレーの線の長さの合計）は、(200＋300＝)500ｍです。

答え **500m**

### 教えるときのポイント！

**距離と道のりの違いをおさえよう！**
距離と道のりの意味を同じだと考えていたり、取り違えていたりするケースがあります。**例題1**のような図をかいて説明すると、2つの用語の意味はそれぞれしっかり区別できます。

高学年で習う「速さ」にも、この2つの用語は出てきますので、今のうちに意味の違いをおさえておきましょう。

## 2 km

1 km（読みかたは、**1キロメートル**）は、**1000mの長さ**です。長い距離や道のりなどを表すときに、kmの単位を使うことが多いです。

「1 km」の書きかた

**例題2** 次の □ にあてはまる数を答えましょう。

（1） 1 km 850m ＝ □ m

（2） 1 km 90m ＝ □ m

（3） 1200m ＝ □ km □ m

**解答**

（1） 1 km 850m は、1 kmと850m に分けられます。1 km＝1000m なので、1 km 850m は、（1000＋850＝）1850m です。

答え **1850**

（2） 1 km 90m は、1 kmと90m に分けられます。1 km＝1000m なので、1 km 90m は、（1000＋90＝）1090m です。

答え **1090**

（3） 「1200m ＝1000m ＋200m」です。1000m ＝ 1 kmなので、1200m は、1 km 200m です。

答え **1 (km)200(m)**

**問題**

次の □ にあてはまる数を答えましょう。

（1） 800m ＋600m ＝ □ km □ m

（2） 1 km 100m －300m ＝ □ m

**解答**

（1） 800m と600m をたすと、（800 ＋ 600 ＝）1400m になります。「1400m ＝ 1000m ＋ 400m」です。1000m ＝ 1 kmなので、1400m は、1 km 400m です。

答え **1 (km)400(m)**

（2） 100m から300m は引けません。1 km＝ 1000m なので、1 km 100m ＝（1000 ＋ 100）m ＝ 1100m です。1100m から300m を引いて、答えは、（1100 － 300 ＝）800m です。

答え **800**

# 3 水のかさの単位

> **ここが大切！** 「1 L＝10 dL」と「1 L＝1000 mL」の関係をおさえよう！

## 1 LとdL

水などのかさは、1 L（読みかたは、**1 リットル**）がいくつ分あるかによって、その量を表すことができます。

「1 L」の書きかた

また、1 L より小さいかさを表すときは、1 dL（読みかたは、**1 デシリットル**）という単位を使うことがあります。1 L ＝10 dL です。

「1 dL」の書きかた

（合わせて）10dL

同じかさ

**例題** 次の □ にあてはまる数を答えましょう。

（1） 3 L ＝ □ dL　　　　　（2） 80dL ＝ □ L

（3） 7 L 5 dL ＝ □ dL　　　（4） 96dL ＝ □ L □ dL

**解答**

（1） 1 L ＝10 dL なので、3 L ＝30 dL です。

答え **30**

（2） 10 dL ＝1 L なので、80dL ＝8 L です。

答え **8**

（3） 1 L ＝10 dL なので、7 L ＝70 dL です。70dL と 5 dL をたして、（70＋5 ＝）75 dL です。

答え **75**

（4） 「96dL ＝90dL ＋6 dL」です。10 dL ＝1 L なので、90 dL ＝9 L です。だから、96dL ＝9 L 6 dL です。

答え **9 (L) 6 (dL)**

問題1

次の □ にあてはまる数を答えましょう。

（1） 1L＋3L7dL＝□L□dL      （2） 5L1dL＋4L1dL＝□L□dL

（3） 6L6dL－5dL＝□L□dL      （4） 1L4dL－9dL＝□dL

解答　同じ単位どうしをたし引きするのがポイントです。

（1） 1L と 3L をたして、（1＋3＝） 4L。7dL はそのままなので、
　　　1L＋3L7dL＝4L7dL です。

答え　　**4（L）7（dL）**

（2） 5L と 4L をたして、（5＋4＝） 9L。1dL と 1dL をたして、
　　　（1＋1＝） 2dL。だから、5L1dL＋4L1dL＝9L2dL です。

答え　　**9（L）2（dL）**

（3） 6dL から 5dL を引いて、（6－5＝） 1dL。6L はそのままなので、
　　　6L6dL－5dL＝6L1dL です。

答え　　**6（L）1（dL）**

（4） 4dL から 9dL は引けません。1L＝10dL なので、1L4dL＝14dL。
　　　だから、1L4dL－9dL＝14dL－9dL＝5dL です。

答え　　**5**

## 2 LとmL

1dL より小さいかさを表すときは、 1mL（読みかたは、
1ミリリットル）という単位を使うことがあります。
1L＝1000mL です。

「1mL」の書きかた

 問題2

次の □ にあてはまる数を答えましょう。

（1） 5L＝□mL      （2） 3000mL＝□L

解答　（1） 1L＝1000mL なので、5L＝5000mL です。

答え　**5000**

　　　（2） 1000mL＝1L なので、3000mL＝3L です。

答え　**3**

教えるときのポイント！

**dL と mL の関係は？**

L と dL の関係（1L＝10dL）と、L と mL の関係（1L＝1000mL）は習いましたが、dL と mL の関係はどうなるでしょうか。
結果から言うと、「1dL＝100mL」なのですが、2年生では、この関係を取り扱わない教科書もあります。
ただし、L、dL、mL という3つの単位を習っ

たのですから、それぞれの関係について、2年生の時点でおさえておくのもよいでしょう。まとめると、次のようになります。

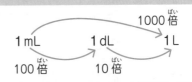

# 4 重さの単位

「1kg＝1000g」と「1t＝1000kg」の関係をおさえよう！

## 1 kgとg

重さは、1g（読みかたは、**1グラム**）がいくつ分あるかによって、表すことができます。
主に、右の①と②の書きかたがありますので、お子さんの教科書をご確認ください。
**1円玉の重さが**
**ちょうど1g**です。

1円玉1枚の重さは1g

「1g」の書きかた①　「1g」の書きかた②

また、重さの単位には、1kg（読みかたは、**1キログラム**）もあります。1kg＝1000g です。
主に、右の①と②の書きかたがありますので、お子さんの教科書をご確認ください。

「1kg」の書きかた①　「1kg」の書きかた②

**例題1** 次の □ にあてはまる数を答えましょう。

（1） 9kg127g ＝ □ g　　　（2） 7706g ＝ □ kg □ g

（3） 5kg8g ＝ □ g　　　（4） 1030g ＝ □ kg □ g

**解答**　（1） 1kg＝1000g なので、9kg＝9000g です。9000g と127g をたして、
（9000＋127＝） 9127g です。

答え **9127**

（2）「7706g＝7000g＋706g」です。1000g＝1kg なので、
7000g＝7kg です。だから、7706g＝7kg706g です。

答え **7 (kg) 706 (g)**

（3） 1kg＝1000g なので、5kg＝5000g です。
5000g と8g をたして、（5000＋8＝） 5008g です。

答え **5008**

（4）「1030g＝1000g＋30g」です。1000g＝1kg なので、
1030g＝1kg30g です。

答え **1 (kg) 30 (g)**

## 2 tとkg

重さの単位には、1t（読みかたは、**1トン**）もあります。
1t＝1000kg です。

①
②
**1t**

「1t」の書きかた

---

**例題2** 次の □ にあてはまる数を答えましょう。

（1） 2t 869kg ＝ □ kg　　　　（2） 6360kg ＝ □ t □ kg

（3） 8t 70kg ＝ □ kg　　　　　（4） 4001kg ＝ □ t □ kg

**解答**

（1） 1t＝1000kg なので、2t＝2000kg です。
　　 2000kg と 869kg をたして、（2000＋869＝）2869kg です。

答え　**2869**

（2） 「6360kg ＝6000kg ＋360kg」です。
　　 1000kg ＝1t なので、6000kg ＝6t です。
　　 だから、6360kg ＝6t 360kg です。

答え　**6 (t) 360 (kg)**

（3） 1t＝1000kg なので、8t＝8000kg です。
　　 8000kg と 70kg をたして、（8000＋70＝）8070kg です。

答え　**8070**

（4） 「4001kg ＝4000kg ＋1kg」です。1000kg ＝1t なので、
　　 4000kg ＝4t です。だから、4001kg ＝4t 1kg です。

答え　**4 (t) 1 (kg)**

---

### 教えるときのポイント！

#### 「m（ミリ）と k（キロ）」の意味を習う学年が変わった！

例えば、1mm（1ミリメートル）の m（ミリ）をとると、1000倍の 1m（1メートル）になります。「1m＝1000mm」ということです。

さらに、1m（1メートル）に k（キロ）をつけると、1000倍の 1km（1キロメートル）になります。「1km＝1000m」ということです。

「m（ミリ）をとると 1000倍になる」、「k（キロ）をつけると 1000倍になる」という知識は、6年生の学習範囲でしたが、2020年度からの新しい学習指導要領によって、3年生で習うことになりました。

mg（ミリグラム）や、kL（キロリットル）は、高学年で学ぶ単位ですが、m（ミリ）や k（キ

ロ）の意味を知るという点で、3年生から知っておいてもよいでしょう。

| | m（ミリ） | | k（キロ） |
|---|---|---|---|
| 長さの単位 | 1mm →(1000倍) | 1m →(1000倍) | 1km |
| かさの単位 | 1mL →(1000倍) | 1L →(1000倍) | （1kL） |
| 重さの単位 | （1mg）→(1000倍) | 1g →(1000倍) | 1kg |

※かっこ（ ）をつけたのは、高学年で習う単位です。

# 1 小数とは

**ここが大切！** 「小数とは何か」を答えられるようにしよう！

ここまで出てきた、**0、1、2、3、4、5、…のような数**を、整数といいます。
一方、**0.2、3.5、58.7などの数**を、小数といいます。「**.（点）**」を小数点といいます。

また、**同じ大きさに分けることを「等分する」**といいます。**1を10等分した1つ分**が0.1
（読みかたは、**れい点一**）です。

```
0   0.1  0.2  0.3  0.4  0.5  0.6  0.7  0.8  0.9   1
├───┼───┼───┼───┼───┼───┼───┼───┼───┼───┤
```

**例題** 次の □ にあてはまる数を答えましょう（㋐と㋒には小数が入り、㋑と㋓と㋔
には整数が入ります）。

(1) **図1**の水のかさは ㋐□ L です。または、

㋑□ dL と表すこともできます。

(2) **図2**の水のかさは合わせて ㋒□ L です。

または、㋓□ L ㋔□ dL と表すこともできます。

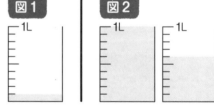

**解答** （1） 1Lを10等分した1つ分のかさなので、㋐は0.1（L）です。

1L＝10dLなので、㋑は1（dL）です。つまり、「**0.1 L＝1dL**」です。

(2) 1Lと、0.6L（1Lを10等分した6つ分のかさ）を合わせたものなので、㋒は、1.6
（L）です。ちなみに、1.6Lの読みかたは、「**一点六リットル**」です。

1Lと6dLを合わせたものなので、㋓は1（L）で、㋔は6（dL）です。つまり、
「**1.6L＝1L 6dL**」です。

(1) 答え ㋐ **0.1** ㋑ **1** (2) 答え ㋒ **1.6** ㋓ **1** ㋔ **6**

小数は、水のかさの単位（L、dL）だけでなく、長さの単位（cm、mm）など、さまざまな
単位をつけて表すことができます。

**問題**

次の ☐ にあてはまる数を答えましょう。

（1） 8mm＝ ☐ cm　　　　（2） 7cm1mm＝ ☐ cm　　　　（3） 12.5cm＝ ☐ cm ☐ mm

**解答**

（1） 8mmは、1cmを10等分した8つ分の長さなので、8mm＝0.8cmです。

答え　**0.8**

（2） 1mmは、1cmを10等分した1つ分の長さなので、1mm＝0.1cmです。
　　　7cm1mmは、7cmと0.1cmを合わせた長さなので、7.1cmです。

答え　**7.1**

（3） 12.5cmは、12cmと0.5cmを合わせた長さです。0.5cmは、1cmを10等分した5つ分の長さなので、
　　　0.5cm＝5mmです。だから、12.5cm＝12cm5mmです。

答え　**12(cm) 5(mm)**

**教えるときのポイント！**

## 小数は、数直線で表すと考えやすい！

次の問題を見てください。

**【例1】** 次の㋐と㋑にあてはまる数を答えましょう。

**解きかた** ㋐は、1から、右に3つ分のめもり（めもり1つ分は0.1）を進んだところにあるので、1.3です。㋑は、2から、右に1つ分のめもりを進んだところにあるので、2.1です。

答え　㋐**1.3**　㋑**2.1**

**【例1】** のように数直線を使って表すと、小数への理解が深まります。次の **【例2】** も、慣れないうちは数直線を使って考えるとよいでしょう。

**【例2】** 次の ☐ にあてはまる数を答えましょう。

（1） 1.3は、0.1を ☐ 個集めた数です。

（2） 0.1を21個集めた数は、☐ です。

**解きかた** 次のように、数直線をかいて考えると解きやすくなります。

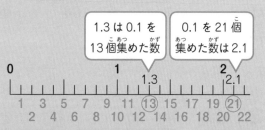

（1） 数直線から、1.3は、0.1を13個集めた数だとわかります。

答え　**13**

（2） 数直線から、0.1を21個集めた数は、2.1だとわかります。

答え　**2.1**

# 2 小数のしくみ

例えば、28.7という数は、10を2個、1を8個、0.1を7個合わせた数です。図に表すと、右のようになります。

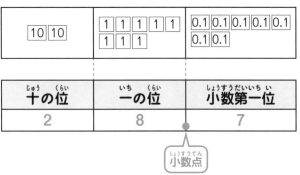

| 十の位 | 一の位 | 小数第一位 |
|---|---|---|
| 2 | 8 | 7 |

小数第一位とは、小数点のすぐ右の位のことです。例えば、28.7の小数第一位は7です。

## 問題1

次の □ にあてはまる数を答えましょう。

714.3は、100を ア□ 個、10を イ□ 個、1を ウ□ 個、0.1を エ□ 個合わせた数です。

また、714.3の小数第一位は オ□ です。

解答 答え ⑦7 ⑦1 ⑦4 ⑦3 ⑦3

例題 5.9と6.1と6を、大きい順に書きましょう。

解答 数直線で、これら3つの数を表すと、次のようになります（めもりは、0.1ごとです）。

5　　　　　　5.5　　　　　　5.9　6　6.1

← 左にいくほど小さい　　　　　　右にいくほど大きい →

数直線では、右にいくほど数が大きく、左にいくほど数が小さいので、大きい順に並べると、6.1、6、5.9となります。

答え **6.1、6、5.9**

## 教えるときのポイント！

### 不等号を使って、数の大小を表そう！

22 ページで習った、不等号を使って、整数や小数の大小を表してみましょう。

左ページの 例題 で、5.9 と 6 を比べると、6 のほうが大きいので、「5.9 ＜ 6」と表せます。また、6.1 と 6 を比べると、6.1 のほうが大きいので、「6.1 ＞ 6」と表せます。

例題 で、大きい順に並べると、「6.1、6、5.9」となりました。これを、2 つの不等号を使って、

「6.1 ＞ 6 ＞ 5.9」と表すこともできます。

ただし、「6 ＜ 6.1 ＞ 5.9」のような表しかたはしないので注意しましょう（このままでは、6 と 5.9 の大小がわからないからです）。

一方、「5.9 ＜ 6 ＜ 6.1」という表しかたは、数が小さい順に並んでいるので OK です。2 つ以上の不等号を使うときは、不等号が同じ向きを向いている必要があるということです。

## 問題2

次の □ にあてはまる不等号（＞か＜）を答えましょう。

(1) 0.8 □ 1.7　　　　(2) 3.3 □ 3.2　　　　(3) 9 □ 9.1

(4) 0.5 □ 0.6　　　　(5) 0.1 □ 0

**解答**

(1) 数直線に表すと、1.7 のほうが右にある（大きい）ので、0.8 ＜ 1.7　　答え　＜

(2) 数直線に表すと、3.3 のほうが右にある（大きい）ので、3.3 ＞ 3.2　　答え　＞

(3) 数直線に表すと、9.1 のほうが右にある（大きい）ので、9 ＜ 9.1　　答え　＜

(4) 数直線に表すと、0.6 のほうが右にある（大きい）ので、0.5 ＜ 0.6　　答え　＜

(5) 数直線に表すと、0.1 のほうが右にある（大きい）ので、0.1 ＞ 0　　答え　＞

**別の解きかた**

「一の位の大小 → 小数第一位の大小」の順に大きさを比べていきましょう。

(1) 0.8 の一の位は 0、1.7 の一の位は 1 なので、0.8 ＜ 1.7

(2) 3.3 と 3.2 の一の位はどちらも 3 です。3.3 の小数第一位は 3、3.2 の小数第一位は 2 なので、3.3 ＞ 3.2

(3) 9 と 9.1 の一の位はどちらも 9 です。9 を 9.0 と考えると、9 の小数第一位は 0 です。9.1 の小数第一位は 1 なので、9 ＜ 9.1

(4) 0.5 と 0.6 の一の位はどちらも 0 です。0.5 の小数第一位は 5、0.6 の小数第一位は 6 なので、0.5 ＜ 0.6

(5) 0.1 と 0 の一の位はどちらも 0 です。0.1 の小数第一位は 1 です。0 を 0.0 と考えると、0 の小数第一位は 0 なので、0.1 ＞ 0

# 3 小数のたし算と引き算

ここが大切！ 小数のたし算と引き算は、小数点をそろえて筆算するのがポイント！

## 1 小数のたし算の筆算

**例題1** 次の計算を筆算で解きましょう。

3.8＋1.9＝

**解答**

①小数点をそろえて、筆算を書く

②「38＋19」の筆算をするのと同じように計算する

③小数点をおろして、5と7の間に小数点を打つ

小数点をそろえる

$$
\begin{array}{r}
3.8 \\
+\ 1.9 \\
\hline
5.7
\end{array}
$$

答え **5.7**

※ 3.8 は 0.1 が **38** 個分で、1.9 は 0.1 が **19** 個分です。それらを合わせて、0.1 が（38 ＋ 19 ＝）**57** 個分なので、答えは 5.7 です。

---

**問題1**

次の計算を筆算で解きましょう。

（1）2.7＋6.5＝　　　　　　（2）0.9＋0.2＝

（3）3＋1.8＝　　　　　　　（4）5.4＋3.6＝

**解答**

（1）小数点をそろえる
$$
\begin{array}{r}
2.7 \\
+\ 6.5 \\
\hline
9.2
\end{array}
$$
答え **9.2**

（2）小数点をそろえる
$$
\begin{array}{r}
0.9 \\
+\ 0.2 \\
\hline
1.1
\end{array}
$$
答え **1.1**

（3）小数点をそろえる
$$
\begin{array}{r}
3.0 \\
+\ 1.8 \\
\hline
4.8
\end{array}
$$
3 を 3.0 と考える

答え **4.8**

（4）小数点をそろえる
$$
\begin{array}{r}
5.4 \\
+\ 3.6 \\
\hline
9.0
\end{array}
$$
0 を消す

答え **9**

## 筆算に慣れてくると、少しずつ暗算もできるようになる！

小数の筆算を習いたての生徒に、例えば、問題1（3）の「3 ＋ 1.8」を解いてもらうと、小数点をそろえずに計算して「2.1」のように間違った答えを出すことがあります。

```
小数点を              3
そろえないと…      ＋ 1.8
                  2.1 ←間違い ✖
```

一方、筆算の練習を重ねると、小数点をそろえて計算することが徹底できるようになります（小数の引き算も同様です）。そうすると、「3 ＋ 1.8」も「3 ＋ 1.8 ＝ 3.0 ＋ 1.8 ＝ 4.8」と頭の中で計算できるようになっていきます。

# 2 小数の引き算の筆算

**例題2** 次の計算を筆算で解きましょう。

8.5 － 4.6 ＝

**解答**

① 小数点をそろえて、筆算を書く

② 「85 － 46」の筆算をするのと同じように計算する

③ 小数点をおろして、3 と 9 の間に小数点を打つ

```
    小数点をそろえる
        8↓5
     －  4.6
        3↓9
```

答え **3.9**

※ 8.5 は 0.1 が 85 個分で、4.6 は 0.1 が 46 個分です。これらを引くと、0.1 が（85 － 46 ＝）39 個分なので、答えは 3.9 です。

 **問題2**

次の計算を筆算で解きましょう。

（1）9.6 － 7.8 ＝

（2）5.3 － 4.7 ＝

（3）6.1 － 1.1 ＝

（4）8 － 0.9 ＝

**解答**

```
   小数点をそろえる
(1)    9↓6
     － 7.8
       1↓8
```
答え **1.8**

```
   小数点をそろえる
(2)    5↓3
     － 4.7
       0↓6
```
0 をつける
答え **0.6**

```
   小数点をそろえる
(3)    6↓1
     － 1.1
       5↓0
```
0 を消す
答え **5**

```
   小数点をそろえる
(4)    8↓0
     － 0.9
       7↓1
```
8 を 8.0 と考える
答え **7.1**

# 4　小数の計算を使う文章題

ここが大切！　ややこしいと思った文章題は、線分図をかいて考えよう！

小数の計算を使う文章題を解いていきましょう。

 問題1

バケツに、2.5L の水が入っていました。そのバケツに、さらに1.8L の水を入れると、バケツに入っている水は、合わせて何 L になりますか。

 解答　【式】2.5 + 1.8 = 4.3　　【筆算】
$$\begin{array}{r} 2.5 \\ + 1.8 \\ \hline 4.3 \end{array}$$

答え　**4.3L**

 問題2

白いひもの長さは6㎝で、茶色のひもの長さは9.6㎝です。どちらのひもが何㎝長いですか。

解答　茶色のひも（9.6㎝）のほうが、白いひも（6㎝）よりも長いので、「9.6 − 6」を計算すれば、答えが求められます。

【式】9.6 − 6 = 3.6　　【筆算】
$$\begin{array}{r} 9.6 \\ - 6.0 \\ \hline 3.6 \end{array}$$

6 を6.0と考える

答え　**茶色のひもが 3.6cm長い**

 問題3

たけしくんは、家から公園まで1.5km、公園から図書館まで0.7km、図書館から友達の家まで0.9kmの道のりをそれぞれ歩きました。たけしくんは、すべて合わせて何kmの道のりを歩きましたか。

解答　まず、家から公園までの道のり（1.5km）と、公園から図書館までの道のり（0.7km）をたしましょう。それに、図書館から友達の家までの道のり（0.9km）をたせば、答えが求められます。

【式】1.5 + 0.7 = 2.2
2.2 + 0.9 = 3.1

【筆算】
$$\begin{array}{r} 1.5 \\ + 0.7 \\ \hline 2.2 \end{array}\qquad\begin{array}{r} 2.2 \\ + 0.9 \\ \hline 3.1 \end{array}$$

答え　**3.1km**

## 教えるときのポイント！

### 「□を使った小数のたし算、引き算」も解けるようになろう！

少し応用になりますが、次の問題を見てください。

**[例]** 次の □ にあてはまる数を答えましょう。

(1) 6.2 + □ = 9

(2) □ − 0.5 = 5.6

解きかた

(1) 式を線分図に表すと、次のようになります。

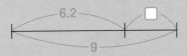

9から6.2を引けば、□ を求められることがわかります。

**[式]** 9 − 6.2 = 2.8

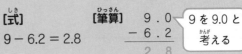

9を9.0と考える

答え **2.8**

(2) 式を線分図に表すと、次のようになります。

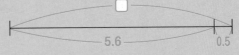

5.6に0.5をたせば、□ を求められることがわかります。

**[式]** 5.6 + 0.5 = 6.1

**[筆算]**
$$5.6 + 0.5 = 6.1$$

答え **6.1**

---

## 問題4

ある数から3.9を引くはずが、間違えて3.9をたしてしまったので、答えは8.4になりました。

(1) ある数を求めましょう。

(2) 正しい答えを求めましょう。

## 解答

(1) ある数に間違えて 3.9 をたして、(間違えた) 答えが 8.4 になったことを、線分図に表すと、右のようになります。

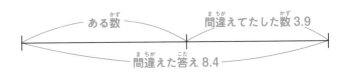

線分図より、間違えた答え (8.4) から、間違えてたした数 (3.9) を引くと、ある数を求められることがわかります。

**[式]** 8.4 − 3.9 = 4.5

**[筆算]**
$$8.4 - 3.9 = 4.5$$

答え **4.5**

(2) (1) から、ある数が 4.5 だとわかりました。4.5 から 3.9 を引けば、正しい答えが求められます。

**[式]** 4.5 − 3.9 = 0.6

**[筆算]**
$$4.5 - 3.9 = 0.6$$

0をつける

答え **0.6**

# 5 分数とは

> **ここが大切！** 「1を□等分した、○個分が $\frac{○}{□}$」であることをおさえよう！

## 1 1より小さい分数

例えば、1を2等分することを考えてみましょう。

**1を2等分したうちの1個分を、$\frac{1}{2}$ といいます**（読みかたは、「二分の一」）。

次に、1を3等分することを考えてみましょう。

**1を3等分したうちの1個分を、$\frac{1}{3}$ といいます**（読みかたは、「三分の一」）。
**1を3等分したうちの2個分を、$\frac{2}{3}$ といいます**（読みかたは、「三分の二」）。

まとめると、「1を□等分した、○個分が $\frac{○}{□}$」ということです。

**【例】**「1を5等分した、4個分」が $\frac{4}{5}$

$\frac{1}{2}$、$\frac{2}{3}$、$\frac{4}{5}$ **のような数を、分数といいます。**
分数の横線の**下の数を分母**、**上の数を分子**といいます。

> **【分数の例】**
> $\frac{2}{3}$ ← 分子
> ← 分母

### 📋 問題

次の数直線は、1mを何等分かしたものです。□にあてはまる分数を答えましょう。

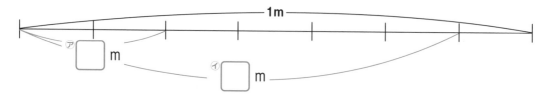

**解答**

この数直線は1mを7等分したものです。

⑦は、1mを7等分したうちの2個分なので、$\frac{2}{7}$mです。このように、分数に、長さ、かさ、重さなどの単位をつけて表すこともできます。

⑦は、1mを7等分したうちの6個分なので、$\frac{6}{7}$mです。

答え ⑦$\frac{2}{7}$ ⑦$\frac{6}{7}$

## 2 1に等しい分数と、1より大きい分数

例えば、1mを6等分することを考えてみましょう。

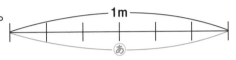

あの長さは1mです。

一方、あの長さを「1mを6等分した、6個分」と考えると、$\frac{6}{6}$mとなります。

「1m＝$\frac{6}{6}$m」ということです。

1mを何等分したときでも同じことがいえるので、

「分母と分子が同じ分数」は、1と等しいということがいえます。

分母と分子が → ☆  
同じとき　　 → ☆ ＝1

右の数直線は、「6等分した1m」を2つつなげたもの（合計2m）です。

いの長さは「1mを6等分した、8個分」なので、$\frac{8}{6}$mです。このように、1（m）より大きい場合は、分子が分母より大きい分数になります。

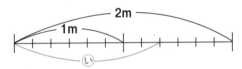

---

🐼 **教えるときのポイント！**

**5年生で習うまでは、約分しないままでOK！**

上の例で、「$\frac{8}{6}$は、$\frac{4}{3}$に約分しなくてもいいの？」と思った方もいるかもしれません。教科書では5年生で約分について習うので、それまでは、$\frac{8}{6}$なら$\frac{8}{6}$のままで問題ありません。

また、帯分数については4年生で学習するので、

それまでは「$\frac{8}{6}=1\frac{2}{6}$」のように直さなくてもよいこともおさえましょう。

学習塾や通信教育などでは、ルールが違うこともあるので、講師に確認することをおすすめします。

# 6 分数のたし算と引き算

**ここが大切！** 次の式を使って計算しよう！
分数のたし算 $\dfrac{○}{□}+\dfrac{△}{□}=\dfrac{○+△}{□}$
分数の引き算 $\dfrac{○}{□}-\dfrac{△}{□}=\dfrac{○-△}{□}$

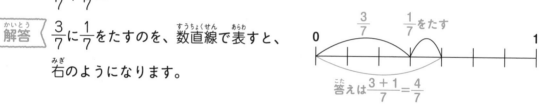

## 1 分数のたし算

**例題1** 次の計算をしましょう。

$$\frac{3}{7}+\frac{1}{7}=$$

**解答** $\dfrac{3}{7}$ に $\dfrac{1}{7}$ をたすのを、数直線で表すと、右のようになります。

答えは $\dfrac{3+1}{7}=\dfrac{4}{7}$

数直線を見ると、$\dfrac{3}{7}+\dfrac{1}{7}=\dfrac{3+1}{7}=\dfrac{4}{7}$ であることがわかります。

**答え** $\dfrac{4}{7}$

**例題1** から、次のことがわかります。
**分母が同じ分数のたし算**は、次の式を使いましょう。

$\dfrac{○}{□}+\dfrac{△}{□}=\dfrac{○+△}{□}$ ← 分子をたす
← 分母はそのまま

**[例]** $\dfrac{5}{11}+\dfrac{4}{11}=\dfrac{5+4}{11}=\dfrac{9}{11}$

**問題1**

次の計算をしましょう。

(1) $\dfrac{4}{9}+\dfrac{4}{9}=$ 　　　　　(2) $\dfrac{1}{3}+\dfrac{2}{3}=$

 **解答** 「$\dfrac{○}{□}+\dfrac{△}{□}=\dfrac{○+△}{□}$」を使って計算しましょう。

(1) $\dfrac{4}{9}+\dfrac{4}{9}=\dfrac{4+4}{9}=\dfrac{8}{9}$

(2) $\dfrac{1}{3}+\dfrac{2}{3}=\dfrac{1+2}{3}=\dfrac{3}{3}=1$

「分母と分子が同じ分数」は1に等しい

**答え** $\dfrac{8}{9}$

**答え** 1（または $\dfrac{3}{3}$）

教えるときのポイント！

## 「$\frac{1}{3}+\frac{2}{3}=$」の答えは、$\frac{3}{3}$ と1のどっち？

問題1 （2）の「$\frac{1}{3}+\frac{2}{3}=$」の答えについてお話ししていきます。3年生の教科書では、「分数の $\frac{3}{3}$」と「整数の1」のどちらを答えにしても正解という扱いになっています。

ただ、学習塾や通信教育などを利用されてい

る場合、そちらでは、$\frac{3}{3}$ の答えを認めないケースもあります。そのため、計算結果が「分母と分子が同じ数」で、答えを分数にするか整数にするか迷ったら、「整数の1」を答えにするのがおすすめです（「分数で答えなさい」などの指示がある場合を除きます）。

# 2 分数の引き算

**例題2** 次の計算をしましょう。

$$\frac{4}{5}-\frac{3}{5}=$$

**解答** $\frac{4}{5}$ から $\frac{3}{5}$ を引くのを、数直線で表すと、右のようになります。

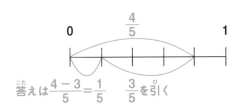

答えは $\frac{4-3}{5}=\frac{1}{5}$　　$\frac{3}{5}$ を引く

数直線を見ると、$\frac{4}{5}-\frac{3}{5}=\frac{4-3}{5}=\frac{1}{5}$ であることがわかります。　　答え $\dfrac{1}{5}$

**例題2** から、次のことがわかります。

**分母が同じ分数の引き算は、次の式を使いましょう。**

$$\frac{\bigcirc}{\square}-\frac{\triangle}{\square}=\frac{\bigcirc-\triangle}{\square}$$
← 分子を引く
← 分母はそのまま

**[例]** $\dfrac{8}{9}-\dfrac{7}{9}=\dfrac{8-7}{9}=\dfrac{1}{9}$

 問題2

次の計算をしましょう。

（1）$\dfrac{5}{7}-\dfrac{2}{7}=$
　　　　　　　　　（2）$1-\dfrac{5}{6}=$

 **解答** 「$\frac{\bigcirc}{\square}-\frac{\triangle}{\square}=\frac{\bigcirc-\triangle}{\square}$」を使って計算しましょう。

（1）$\dfrac{5}{7}-\dfrac{2}{7}=\dfrac{5-2}{7}=\dfrac{3}{7}$

答え $\dfrac{3}{7}$

（2）$1-\dfrac{5}{6}=\dfrac{6}{6}-\dfrac{5}{6}=\dfrac{6-5}{6}=\dfrac{1}{6}$
　　　　1 を $\frac{6}{6}$ にする

答え $\dfrac{1}{6}$

# 7 分数の計算を使う文章題

ここでは、分数の計算を使う文章題を解いていきます。これまでも、整数や小数の文章題を解いてきましたが、「整数や小数」が「分数」に変わっただけで、同じ考えかたで解くことができます。

## 問題1

長さ $\frac{2}{5}$ m の直線を、さらに $\frac{2}{5}$ m のばすと、
合わせて何 m の直線になりますか。

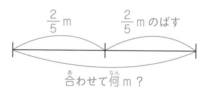

合わせて何 m ?

解答 　[式] $\frac{2}{5} + \frac{2}{5} = \frac{4}{5}$ 　　　　　答え $\frac{4}{5}$ m

## 問題2

$\frac{2}{3}$ L のお茶があります。$\frac{1}{3}$ L 飲むと、何 L 残りますか。

解答 　[式] $\frac{2}{3} - \frac{1}{3} = \frac{1}{3}$ 　　　　　答え $\frac{1}{3}$ L

### 教えるときのポイント！

**苦手な文章題を得意にする方法とは？**

「計算はできるけど、文章題は苦手」という生徒はけっこういます。そんな生徒が文章題を少しずつでも得意にしていくためには、どうすればよいのでしょうか。

まずは、問題1、問題2のように、問題文が短く、1つの式で解ける、簡単な文章題を反復練習して、ほぼ完ぺきに解けるようにしましょう。

その後、問題3のような、2つの式が必要な文章題や、問題4のような、文章題の意味をつかむのが少し難しい問題などに挑戦するのがおすすめです。生徒それぞれに合った問題を解いてもらい、徐々に応用にチャレンジすることで、文章題を得意にしていけます。

**問題3**

1Lの水を入れられるバケツがあります。はじめ、このバケツに、$\frac{1}{9}$Lの水が入っており、さらに、$\frac{4}{9}$Lの水を入れました。あと何Lの水を入れると、このバケツはいっぱいになりますか。

 **解答** 線分図をかいて考えましょう。

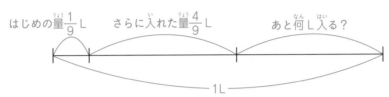

線分図から、$\frac{1}{9}$と$\frac{4}{9}$の和（たし算の答え）を、1から引けば、答えが求められることがわかります。

**[式]**

$\frac{1}{9}+\frac{4}{9}=\frac{5}{9}$ … はじめ入っていた$\frac{1}{9}$Lに、$\frac{4}{9}$Lの水を入れると、$\frac{5}{9}$Lになる。

$1-\frac{5}{9}=\frac{9}{9}-\frac{5}{9}=\frac{4}{9}$ … あと$\frac{4}{9}$Lの水を入れたら、バケツはいっぱいになる。

答え $\frac{4}{9}$L

---

 **問題4**

$\frac{4}{7}$に、ある分数をたすはずが、間違えてその分数を引いてしまったので、答えは$\frac{1}{7}$になりました。

（1）ある分数を求めましょう。

（2）正しい答えを求めましょう。

**解答**

（1）$\frac{4}{7}$から、間違えてある分数を引いて、（間違った）答えが$\frac{1}{7}$になったことを、線分図に表すと、右のようになります。

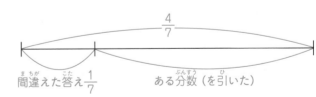

線分図より、$\frac{4}{7}$から、間違えた答えの$\frac{1}{7}$を引くと、ある分数が求められることがわかります。

**[式]** $\frac{4}{7}-\frac{1}{7}=\frac{3}{7}$

答え $\frac{3}{7}$

（2）（1）から、ある分数が$\frac{3}{7}$だとわかりました。$\frac{4}{7}$に$\frac{3}{7}$をたせば、正しい答えが求められます。

**[式]** $\frac{4}{7}+\frac{3}{7}=\frac{7}{7}=1$

答え 1（または$\frac{7}{7}$）

# 8 小数と分数

「分母が10の分数」を小数に直せるようにしよう！

「1を10等分した1個分」を小数で表すと、0.1です。

一方、「1を10等分した1個分」を分数で表すと、$\frac{1}{10}$です。

つまり、「$0.1 = \frac{1}{10}$」ということです。

**例題** 0から、$\frac{15}{10}$までの数直線をかきました。□にあてはまる分数や小数を答えましょう。

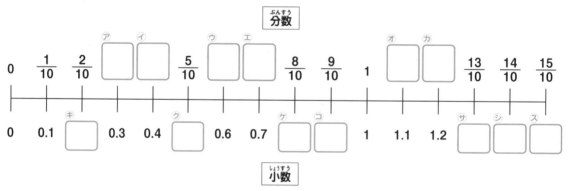

**解答** 答え ㋐$\frac{3}{10}$ ㋑$\frac{4}{10}$ ㋒$\frac{6}{10}$ ㋓$\frac{7}{10}$ ㋔$\frac{11}{10}$ ㋕$\frac{12}{10}$
㋖0.2 ㋗0.5 ㋘0.8 ㋙0.9 ㋚1.3 ㋛1.4 ㋜1.5

**例題**の数直線で、右にいくほど大きく、左にいくほど小さくなります。

また、小数第一位のことを、$\frac{1}{10}$の位ということもあります。

【例】 0 ． 7
↑ ↑ ↑
一の位　小数点　$\frac{1}{10}$の位（小数第一位）

**3年生の教科書で習う小数と分数の関係はここまで！**

3年生の教科書では、左ページのように、$\frac{1}{10}$〜$\frac{15}{10}$くらいまでの分数と、小数の対応を学習します。3年生の時点では、次のような問題を確実に解けるようにしましょう。

**【例】** 次の問いに答えましょう。

（1）$\frac{7}{10}$を小数に直しましょう。

（2）1.1 を分数に直しましょう。

解きかた

（1）$\frac{7}{10}$は、「1 を 10 等分した 7 個分」なので、小数に直すと、0.7 です。　　答え **0.7**

（2）1.1 は、「1 を 10 等分した 11 個分」なので、分数に直すと、$\frac{11}{10}$です。　　答え **$\frac{11}{10}$**

例えば、$\frac{3}{4}$を小数に直したり、0.56 を分数に直したりする問題は、5年生で習います。

---

 **問題1**

次の □ に、等号（＝）か、不等号（＞か＜）を入れましょう。

（1）0.5 □ $\frac{6}{10}$

（2）$\frac{9}{10}$ □ 0.9

（3）1 □ $\frac{12}{10}$

（4）$\frac{1}{10}$ □ 0

（5）$\frac{10}{10}$ □ 1

（6）$\frac{11}{10}$ □ 1

 **解答**　**例題**の数直線で、右にいくほど大きく、左にいくほど小さくなることをもとに考えましょう。

（1）0.5 $\left(=\frac{5}{10}\right)$ は$\frac{6}{10}$より小さいので「$0.5 < \frac{6}{10}$」　　答え　**＜**

（2）$\frac{9}{10}$と 0.9 は同じ大きさなので「$\frac{9}{10} = 0.9$」　　答え　**＝**

（3）1 $\left(=\frac{10}{10}\right)$ は$\frac{12}{10}$より小さいので「$1 < \frac{12}{10}$」　　答え　**＜**

（4）$\frac{1}{10}$は 0 より大きいので「$\frac{1}{10} > 0$」　　答え　**＞**

（5）$\frac{10}{10}$と 1 は同じ大きさなので「$\frac{10}{10} = 1$」　　答え　**＝**

（6）$\frac{11}{10}$は 1 $\left(=\frac{10}{10}\right)$ より大きいので「$\frac{11}{10} > 1$」　　答え　**＞**

---

 **問題2**

1は、$\frac{1}{10}$よりどれだけ大きいですか。小数で答えましょう。

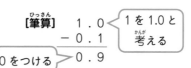 **解答**　$\frac{1}{10}$を小数に直すと、0.1 です。

**[式]** 1 − 0.1 = 0.9

**[筆算]**
```
  1 . 0
− 0 . 1
  0 . 9
```
1 を 1.0 と考える

0 をつける

答え　**0.9**

# 1 表とグラフ

**[例]** 先生が、21人の生徒に次のように言いました。

「ぶどう、みかん、いちご、りんご、ももの中で一番好きな果物を、カードに書いてください。」

そして、21人の生徒が書いたカードは、次のようになりました。

| みかん | いちご | りんご | もも | いちご | りんご | みかん |
| いちご | ぶどう | もも | みかん | いちご | いちご | みかん |
| りんご | いちご | りんご | ぶどう | みかん | もも | いちご |

このままではわかりにくいので、表にすると、次のようになります。

好きな果物と人数

| 果物 | ぶどう | みかん | いちご | りんご | もも |
|---|---|---|---|---|---|
| 人数（人） | 2 | 5 | 7 | 4 | 3 |

表にすることで、人数が一目でわかるようになります。

この表を、グラフに表すと、右のようになります。**表とグラフのそれぞれの意味**については、116ページのを見てください。

グラフに表すと、どの人数が多いか少ないかが、目で見てわかりやすくなります。

好きな果物と人数

| | | | | |
|---|---|---|---|---|
| | | | | |
| | | ○ | | |
| | | ○ | | |
| | ○ | ○ | | |
| | ○ | ○ | ○ | |
| ○ | ○ | ○ | ○ | ○ |
| ○ | ○ | ○ | ○ | ○ |
| ○ | ○ | ○ | ○ | ○ |
| ぶどう | みかん | いちご | りんご | もも |

## 教えるときのポイント！

### 「正」の字を使って、数を数えよう！

左ページの【例】で、21人の生徒が書いたカードから、表をつくるとき、ついつい数え間違えてしまいそうですよね。そこで、「正」の字を使って数えることをおすすめします。そうすることで、数え間違いが少なくなります。

一　丁　下　正　正　正一　……
↑　↑　↑　↑　↑　↑
1　2　3　4　5　6

まず、「正」の字を使って数えた、右上のような表をつくりましょう。

好きな果物と人数

| 果物 | ぶどう | みかん | いちご | りんご | もも |
|---|---|---|---|---|---|
| 人数（人） | 丁 | 正 | 正丁 | 正 | 下 |

その後、次のように、それぞれを数字に直せば、正確な表をつくることができます。

好きな果物と人数

| 果物 | ぶどう | みかん | いちご | りんご | もも |
|---|---|---|---|---|---|
| 人数（人） | 2 | 5 | 7 | 4 | 3 |

---

## 問題

15人の生徒に、3問のクイズを出したところ、それぞれの正解の数は、右のようになりました。

| | | | | |
|---|---|---|---|---|
| 1問 | 3問 | 0問 | 2問 | 2問 |
| 3問 | 2問 | 1問 | 0問 | 0問 |
| 2問 | 0問 | 2問 | 3問 | 1問 |

（1）それぞれの人数を、表に書きましょう。

正解の数と人数

| 正解の数 | 0問 | 1問 | 2問 | 3問 |
|---|---|---|---|---|
| 人数（人） | | | | |

（2）それぞれの人数を、グラフに〇を使って表しましょう。

正解の数と人数

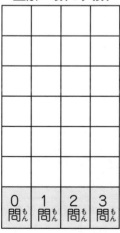

---

 解答　それぞれの人数を数えて、表とグラフにすると、次のようになります。

（1）

正解の数と人数

| 正解の数 | 0問 | 1問 | 2問 | 3問 |
|---|---|---|---|---|
| 人数（人） | 4 | 3 | 5 | 3 |

（2）

正解の数と人数

| | | ○ | |
|---|---|---|---|
| ○ | | ○ | |
| ○ | ○ | ○ | ○ |
| ○ | ○ | ○ | ○ |
| ○ | ○ | ○ | ○ |
| 0問 | 1問 | 2問 | 3問 |

第11章　表とグラフ

115

# 2 表と棒グラフ

ここが
大切！ 棒グラフの1めもりの大きさは、
1とは限らないことに注意しよう！

**【例】** 37人の生徒に、好きな食べ物を聞いて表にしたところ、次のようになりました。

好きな食べ物と人数

| 食べ物 | カレー | すし | からあげ | ラーメン | その他 | 合計 |
|---|---|---|---|---|---|---|
| 人数（人） | 14 | 8 | 5 | 3 | 7 | 37 |

「その他」というのは、カレー、すし、からあげ、ラーメンの他の食べ物を答えたことを表します。

この表を、**棒グラフ（数や量を、長方形の棒の長さで表したグラフ）** に表すと、右のようになります。

棒グラフに表すことで、それぞれの大きさが比べやすくなります。

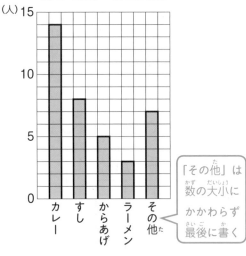

好きな食べ物と人数

「その他」は
数の大小に
かかわらず
最後に書く

**教えるときのポイント！**

**表とグラフの違いとは？**
「表とグラフの違いって何？」と聞かれたら、どう答えますか？ 子どもにわかるように説明するには、意外に難しいことがわかります。大人向けにそれぞれの意味を説明すると、右のようになります。

右上に続く↗

> 表 … 文字、線などを使って、数の関係などを見やすいように整理したもの。

> グラフ … 図形を使って、数の関係などを見やすいように表した図。

これらの意味をこのままお子さんに伝えても、理解しづらいでしょう。表とグラフの大きな違いは「図形を使っているかどうか」です。「図形を使わないのが表」「図形を使うのがグラフ」のように教えるとよいでしょう。

114ページのグラフでは、円（○）の図形、棒グラフでは、長方形（棒）を使っています（表をつくっている長方形はこの場合、図形と考えないこととします）。お子さんに教えるときに活用してください。

棒グラフの1めもりの大きさは、1だけではなく、他の数の場合もあります。次の  問題を見てください。

## 問題

右の棒グラフは、あけみさんの家から、さまざまな場所までの道のりを表したものです。次の問いに答えましょう。

（1）この棒グラフの1めもりは何mですか。

（2）あけみさんの家から学校までの道のりは何mですか。

（3）あけみさんの家から、デパートまでの道のりと、スーパーまでの道のりでは、どちらが何m長いですか。

あけみさんの家からの道のり

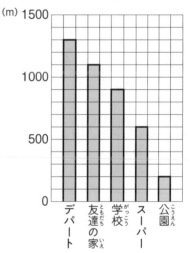

## 解答

（1）棒グラフから、めもり5つ分は500mです。100、200、300、400、500と考えると、1めもりは100mです。

答え **100m**

（2）棒グラフから、あけみさんの家から学校までの道のりは900mです。

答え **900m**

（3）あけみさんの家からデパートまでの道のりは1300mです。また、あけみさんの家からスーパーまでの道のりは600mです。だから、1300（m）から600（m）を引きましょう。

[式] 1300 − 600 = 700

[筆算]
```
   1300
 −  600
   700
```

答え **デパートまでの道のりが700m長い。**

# 1 三角形と四角形

## 1 三角形と四角形

右の図のように、**3本の直線（まっすぐな線）で囲まれた形**を、
三角形といいます。

右の図のように、**4本の直線で囲まれた形**を、
四角形といいます。

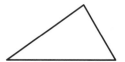

**三角形や四角形で、直線のところを、辺といいます。また、かどの点を、頂点といいます。**

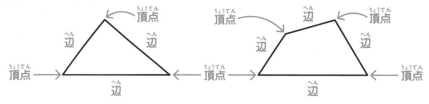

### 問題1

㋐〜㋖の形について、後の問いに答えましょう。

（1）三角形を選び、記号で答えましょう。

（2）四角形を選び、記号で答えましょう。

解答

（1）㋔の形は、3本の直線で囲まれているので、三角形です。

答え ㋔

（2）㋐の形は、4本の直線で囲まれているので、四角形です。

答え ㋐

※㋑と㋖は、囲まれていないので、三角形でも四角形でもありません。

㋒と㋓は、直線ではない線が含まれているので、三角形でも四角形でもありません。

## 2 長方形と正方形

次のように、紙を折ってみましょう。

このようにして、できたかどの形を、直角といいます。

へりがぴったり重なるように折る

---

三角定規の1つのかども、直角になっています。

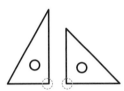

下の図のように、**かどがみんな直角である四角形**を、長方形といいます。

長方形の、**向かい合っている辺の長さは同じ**です。

※ + や + は、辺の長さが同じであることを表します。

---

右の図のように、**かどがみんな直角で、辺の長さがみんな同じである四角形**を、正方形といいます。

---

 問題2

⑦〜⑨のうち、正方形を選び、記号で答えましょう。

**解答** ⑨の形は、**かどがみんな直角で、辺の長さがみんな同じである四角形**なので**正方形**です。
※⑨の形は、**かどがみんな直角である四角形**なので**長方形**です。

答え　⑨

| ⑦、⑨、⑨が正方形でも長方形でもない理由 |
⑦直角でないかどがあるから。
⑨（辺の長さはすべて同じだが、）かどが直角ではないから。
⑨（向かい合う辺の長さは同じだが、）かどが直角ではないから。

---

 **教えるときのポイント！**

### それぞれの用語の意味を言えるようになろう！

図形分野に限りませんが、算数では、用語の意味をきちんと言えることが大事です。この項目では、三角形、四角形、辺、頂点、長方形、正方形のそれぞれの意味を言えるようになりましょう（直角の意味は「90度の角」ですが、これは4年生の「角度」の単元で習います）。
用語の意味をおさえられるかどうかで、学校の授業や、家庭学習での理解の深さが変わります。

# 2 直角三角形、二等辺三角形、正三角形

**ここが大切！** 直角三角形、二等辺三角形、正三角形がそれぞれ、どんな形かおさえよう！

## 1 直角三角形、二等辺三角形、正三角形

図1のように、1つのかどが直角である三角形を、直角三角形といいます。

三角定規も直角三角形といえます。

 図1

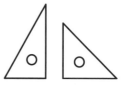

図2のように、2つの辺の長さが等しい三角形を、二等辺三角形といいます。

図3のように、3つの辺の長さがすべて等しい三角形を、正三角形といいます。

図2

図3

### 問題

ア〜エの形について、後の問いに答えましょう。

（1）直角三角形を選び、記号で答えましょう。

（2）正三角形を選び、記号で答えましょう。

 解答

（1）ウの形は、1つのかどが直角である三角形なので、直角三角形です。　　答え　ウ

（2）イの形は、3つの辺の長さがすべて等しい三角形なので、正三角形です。　　答え　イ

※アの形は、直角三角形、正三角形（、二等辺三角形）のどれにもあてはまらない三角形です。
エの形は、2つの辺の長さが等しい三角形なので、二等辺三角形です。

# 2 角とは

1つの頂点から出ている、2つの辺がつくる形を、角といいます。

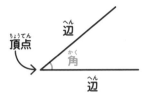

二等辺三角形には、2つの角の大きさが等しいという性質があります。

正三角形には、3つの角の大きさがすべて等しいという性質があります。

 教えるときのポイント！

## 二等辺三角形では、どの2つの角の大きさが等しいの？

次のような二等辺三角形 ABC だと、角 B と角C の大きさが等しそうだとわかります（この 教えるときのポイント！ は、親御さん向けに書いているので、角B や辺AB などの表現を使います）。

角の大きさが等しい

一方、次のように、3つの角の大きさが近い二等辺三角形 DEF だと、どの2つの角の大きさが等しいか、わかりにくいですね。

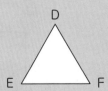

この三角形は、辺 DE と辺 DF の長さが等しいです。辺 DE と辺 DF のように、二等辺三角形の長さの等しい2つの辺を、等辺といいます。そして、2つの等辺がつくる角を、頂角（三角形 DEF では、角 D）といいます。頂角ではない、2つの角を、底角（三角形 DEF では、角 E と角 F）といいます。

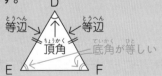

ここで、二等辺三角形の性質を厳密に言うと「二等辺三角形の底角は等しい」となります。このように、「二等辺三角形のどの2つの角が等しいか」ということを、言葉でくわしく説明しようとすると、少しややこしいことがわかります（等辺、頂角、底角という用語は、どれも小学校の範囲ではありません）。

第12章

図形

# 3 箱の形

箱の形について、調べていきましょう。
**箱の形で、平らになっているところを、面といいます。**

箱の形には、6つの面があります。**面は、長方形や正方形の形を**
しています。

次の【例1】と【例2】のように、紙を組み立てると、箱の形ができます。

【例1】 組み立てる前　組み立てた後　　　　【例2】 組み立てる前　組み立てた後

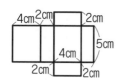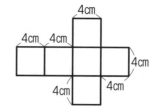

また、箱の形には、
辺が12、頂点が8つあります。

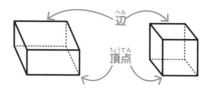

---

📋 問題1

右の箱の形について、次の問いに答えましょう。

（1）「2つの辺の長さが5㎝と6㎝である長方形」の面は、
　　　いくつありますか。

（2）長さが9㎝の辺は、いくつありますか。

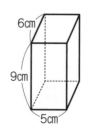

解答　（1）「2つの辺の長さが5㎝と6㎝である長方形」の面は、次のように、2つあります。

答え **2つ**

（2）長さが9㎝の辺は、次のように、4つあります。

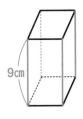

答え **4つ**

---

 問題2

図1 のような、箱をつくります。このとき、図2 のア〜オのうち、どの四角形がいくつずついりますか（図2 のア〜オは、どれも、長方形か正方形のどちらかです）。

図1
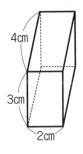

図2
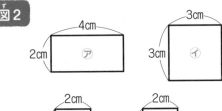

---

 解答　同じ形の長方形が2つずつ、3組で、合計が（2×3＝）6つの面からできています。

ア（2つの辺の長さが2㎝と4㎝である長方形）が2ついります。

ウ（2つの辺の長さが3㎝と4㎝である長方形）が2ついります。

オ（2つの辺の長さが2㎝と3㎝である長方形）が2ついります。

答え　アが2つ、ウが2つ、オが2つ

---

🐦 教えるときのポイント！

### 直方体や立方体という用語は、いつ習う？

直方体や立方体という用語は、4年生で習います。2年生の段階でも覚えられそうなら、直方体や立方体という用語を知っておいてもよいでしょう。
2年生の教科書では、直方体と立方体をまとめて「箱の形」と表現しています。教科書（2年生）では、立方体を「さいころの形」としている場合もあります。

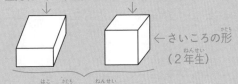

※かっこ（）の中は、習う学年を表しています。

# 4 円と球

ここが大切！ 中心、半径、直径のそれぞれの意味をしっかりおさえよう！

## 1 円

ある1つの点から、長さが同じになるようにしてかいた、まるい形を、円といいます。
円について、次の用語をおさえましょう。

中心 … 円の真ん中の点

半径 … 中心から円のまわりまで引いた直線。1つの円では、半径の長さはみんな同じです。

直径 … 中心を通り、まわりからまわりまで引いた直線。1つの円では、直径の長さはみんな同じです。また、直径は、半径の2倍の長さです。

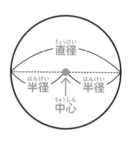

**例題** 次の円の半径と直径の長さをそれぞれ答えましょう。

（1）

（2）

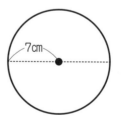

**解答**

（1）この円の直径は、8cmです。半径は、直径の半分の長さです。

だから、半径は、8÷2＝4（cm）です。

答え **半径4cm、直径8cm**

（2）この円の半径は、7cmです。直径は、半径の2倍の長さです。

だから、直径は、7×2＝14（cm）です。

答え **半径7cm、直径14cm**

**教えるときのポイント！**

## 正方形の中に円がぴったり入っている問題をどう解けばいい？

まずは、次の問題を見てください。

【例】 図1 で、半径3cmの円が、正方形の中にぴったり入っています。このとき、正方形の1つの辺の長さを答えましょう。

図1

図2

正方形の1つの辺も6cm　直径6cm　半径3cm

だから、正方形の1つの辺の長さは、6cmです。

答え　**6cm**

**解きかた**

直径は、半径の2倍の長さです。だから、この円の直径は、3×2＝6(cm)です。図2のように考えると、円の直径と、正方形の1つの辺の長さが同じであることがわかります。

この問題では、「1つの円では、直径の長さはみんな同じである」という性質を使っています。大事な性質なのでおさえておきましょう。

# 2 球

**どこから見ても円に見える形を、球といいます。**

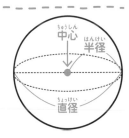

中心　半径　直径

右の図のように、球を半分に切ったとき、その切り口の、円の中心、半径、直径を、それぞれ、球の中心、半径、直径といいます。

**問題**

右のように、半径5cmの球が8個、箱にぴったり入っています。
このとき、箱のたてと横の長さをそれぞれ答えましょう。

横　たて

**解答**

[箱を真上から見た図]

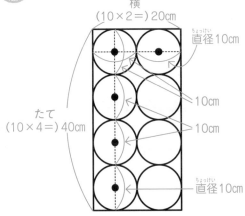

横
(10×2＝)20cm

直径10cm

たて
(10×4＝)40cm

10cm

10cm

直径10cm

直径は、半径の2倍の長さです。だから、この球の直径は、5×2＝10 (cm) です。左の図のように考えると、球の直径4つ分と「たて」の長さが、球の直径2つ分と「横」の長さが、それぞれ等しいことがわかります。

だから、箱のたての長さは、10×4＝40 (cm)、横の長さは、10×2＝20 (cm) です。

答え　**たて40cm、横20cm**

第12章

図形

125

# 意味つき索引

※太字のページには、用語の解説が詳しく載っています。

## 著者紹介

### 小杉　拓也（こすぎ・たくや）

◉──東大卒プロ算数講師、志進ゼミナール塾長。東大在学時から、プロ家庭教師、中学受験塾SAPIXグループの個別指導塾などで指導経験を積み、常にキャンセル待ちの人気講師として活躍。

◉──現在は、自身で立ち上げた中学・高校受験の個別指導塾「志進ゼミナール」で生徒の指導を行う。とくに中学受験対策を得意とし、毎年難関中学に合格者を輩出。指導教科は小学校と中学校の全科目で、暗算法の開発や研究にも力を入れている。算数が苦手だった子の偏差値を45から65に上げるなど、着実に成績を伸ばす指導に定評がある。

◉──もともと算数や数学が得意だったわけではなく、中学3年生のときの試験では、学年で下から3番目の成績。分厚い数学の問題集をすべて解いても成績が上がらなかったため、基本に立ち返って教科書で勉強をしたところ、テストで点数がとれるようになる。それだけでなく、ほとんど塾に通わずに現役で東大に合格するほど学力が伸びた。この経験から、「自分にとって難しすぎる問題集を解いても無意味」ということを知り、苦手意識のある生徒の学力向上に活かしている。

◉──著書は、シリーズでベストセラーとなった『改訂版 小学校6年間の算数が1冊でしっかりわかる本』『改訂版 小学校6年間の算数が1冊でしっかりわかる問題集』『改訂版 中学校3年間の数学が1冊でしっかりわかる本』『高校の数学I・Aが1冊でしっかりわかる本』（すべてかんき出版）、『増補改訂版 小学校6年分の算数が教えられるほどよくわかる』（ベレ出版）など多数ある。

◉──本書は、累計部数が150万部を超えた「1冊でしっかりわかるシリーズ」の新刊として、小学校1・2・3年生の算数をよりくわしく、わかりやすく解説したもの。

**かんき出版 学習参考書のロゴマークができました！**

**明日を変える。未来が変わる。**

マイナス60度にもなる環境を生き抜くために、たくさんの力を蓄えているペンギン。
マナPenくんは、知識と知恵を蓄え、自らのペンの力で未来を切り拓く皆さんを応援します。

マナPenくん®

小学校1・2・3年生の算数が1冊でしっかりわかる本

2021年12月17日　第1刷発行
2024年4月1日　第3刷発行

著　者──小杉　拓也
発行者──齊藤　龍男
発行所──株式会社かんき出版

　　　　　東京都千代田区麴町4-1-4 西脇ビル　〒102-0083
　　　　　電話　営業部：03(3262)8011代　編集部：03(3262)8012代
　　　　　FAX　03(3234)4421　　　　振替　00100-2-62304
　　　　　https://kanki-pub.co.jp/

印刷所──図書印刷株式会社

・カバーデザイン
Isshiki

・本文デザイン
二ノ宮　匡（ニクスインク）

・DTP
茂呂田　剛（エムアンドケイ）
畑山　栄美子（エムアンドケイ）

・イラスト
まつむらあきひろ